Dierk Suhr **Die Wilhelma**

KÖNIG WILHELM I. VON WÜRTTEMBERG

Dierk Suhr **Die Wilhelma**

100 GESCHICHTEN UND ANEKDOTEN

JAN THORBECKE VERLAG

Bibliografische Information
Der Deutschen Bibliothek
Die Deutsche Bibliothek verzeichnet diese Publikation in der Deutschen Nationalbibliografie; detaillierte bibliografische Daten sind im Internet über http://dnb.ddb.de abrufbar.

Dieses Buch ist aus alterungsbeständigem Papier nach DIN-ISO 9706 hergestellt.
Gestaltung:
Finken & Bumiller, Stuttgart
Gesamtherstellung:
Jan Thorbecke Verlag, Ostfildern
Printed in Germany.
ISBN 3-7995-0154-1

Seite 11: K. L. v. Zanth: Die Wilhelma, Maurische Villa seiner Majestät des Königs von Württemberg, Stuttgart 1855.(Stadtmuseum Ludwigsburg) – Seite 21, 23, 25, 28, 31, 39, 41, 45, 47, 49, 52, 59, 63, 73, 81, 88, 91, 95, 97, 101, 103, 105 u. 111: Die Gartenlaube – Illustrirtes Familienblatt, Berlin; Jahrgänge 1857–1880 (Württembergische Landesbibliothek Stuttgart) – Seite 14, 17, 37, 77, 79 u. 117: F. v. Schmidt, König Wilhelm von Württemberg in seinen ländlichen Beschäftigungen, Stuttgart 1865 (Universitätsbibliothek Hohenheim). Der Verlag dankt dem genannten Museum und den Bibliotheken für ihre freundliche Erlaubnis zur Reproduktion.

INHALTSVERZEICHNIS

GELEITWORT

Knapp zwei Millionen Menschen besuchen jährlich die Wilhelma und suchen hier Erholung – allein, mit Freunden oder der ganzen Familie. Schüler kommen mit ihrer Klasse, Studenten mit ihrem Kurs, um an den Schätzen, die hier zu Hause sind, zu lernen: Tiere und Pflanzen kennen zu lernen, das Verhalten von Tieren zu studieren und so allgemeine Regeln der Verhaltensbiologie zu bestätigen.
Wissen weiter zu geben ist eine wichtige Aufgabe der Zoos. Sie sehen sich in gewisser Weise auch als moderne Arche Noah, zumindest für einen kleinen Teil der bedrohten Tierwelt. Soweit es die Zeit der Tiergärtner zulässt, beteiligen sie sich auch an der zoologischen und tierärztlichen Forschung. Wichtigste Aufgabe eines Zoos und seiner Mitarbeiter ist es aber in meinen Augen, Geschichten über Tiere und ihre faszinierenden Eigenschaften zu erzählen und damit um Verständnis für sie und ihre Nöte an vielen Orten der Welt zu werben. Im Falle der Wilhelma, einem historischen Garten von hohem kulturgeschichtlichen Wert, kommen noch Geschichten über die Gartenanlage dazu. Dr. Dierk Suhr, der jahrelang in der Wilhelma Gruppenführungen gemacht hat, hat eine Fülle solcher Geschichten aufgeschrieben und anschaulich erzählt. Ich wünsche ihm dafür viele interessierte Leser.

Wilhelma, im Januar 2005,
Prof. Dr. Dieter Jauch, *Direktor*

Für Frederik, Bastian und Jan

VORWORT

Die Wilhelma ist sicher einer der schönsten Zoos Deutschlands. Die einzigartige Kombination von botanischem und zoologischen Garten, verbunden mit der Ausstrahlung der exotischen, historisch-maurischen Bauwerke und einer über 150 Jahre alten, ehemals königlichen Parkanlage geben der Anlage einen Freizeitwert, der ihre wissenschaftliche Bedeutung sogar noch übertrifft.
Wer im Großraum Stuttgart lebt, kann sich dem Zauber der Wilhelma kaum entziehen – sie übt auf Kinder wie auf Erwachsene gleichermaßen eine enorme Anziehungskraft aus. Ob Tagesausflug, Spaziergang oder der Besuch bei einem persönlichen Lieblingstier, die Wilhelma lohnt jeden noch so kurzen Abstecher und bietet gleichzeitig Unterhaltung und Lehrmaterial für jede noch so lange Besichtigung.
Das gilt natürlich umso stärker für den Stuttgarter Biologiestudenten. So verbrachten wir in den Achtzigerjahren des vorigen Jahrhunderts hier so manchen Nachmittag, sei es, um in der Prüfungsvorbereitung eine Pflanze, die wir nur vom Hörensagen kannten, einmal in natura zu betrachten, oder um vor großartiger Kulisse, umweht von fremden Düften und inmitten ungewohnter Laute, die Nase in die Bücher zu stecken. Wenn dann noch die Sonne schien – umso besser!
Selbstverständlich wurde ich auch alsbald Mitglied im Verein der Freunde und Förderer der Wilhelma. Ebenso bald erfuhr ich, dass der Verein ständig auf der Suche ist nach Freiwilligen, die sich in die Ge-

heimnisse von Zoologie und Botanik im Allgemeinen und der Wilhelma im Besonderen einweisen lassen, um dann die ehrenvolle und befriedigende Aufgabe zu übernehmen, Besucher kundig durch die Wilhelma zu führen. Und so wurde auch ich ein »Wilhelma-Führer«. Die »besten« Geschichten aus unzähligen Rundgängen mit meist hochinteressierten Besuchern sind in diesem Buch versammelt, wobei ich selber auf mancher Führung noch dazu lernen durfte – großen Respekt flößten mir stets die Ausflugsteilnehmerinnen der Obst- und Gartenbauvereine ein!
So bin ich denn all denen zu tiefem Dank verpflichtet, die mich einwiesen in die Wilhelma, ihre Geschichte und ihre Geschichten und deren Anekdoten hier eingeflossen sind: Zu nennen sind hier natürlich die Mitarbeiterinnen und Mitarbeiter rund um Herrn Prof. Dr. Dieter Jauch, Direktor der Wilhelma, vor allem der Veterinär Dr. Wolfram Rietschel, die Zoologen Dr. Marianne Holtkötter, Dr. Ulrike Rademacher und Dr. Lutz Plasa, die Kuratorin des Aquariums, Frau Isabel Koch, sowie nicht zuletzt Dr. Hilde Nittinger, Leiterin der Zooschule. Nicht vergessen werden sollen die anderen ehrenamtlichen »alten Hasen«, die mich an ihren Geschichten teilhaben ließen, allen voran Dr. Helmut Länge. Für Fehler, die dieses Buch dennoch vielleicht enthalten mag, bin aber selbstverständlich nur ich allein verantwortlich. Danken möchte ich auch dem Jan Thorbecke Verlag und besonders seinem Verlagsleiter Dr. Jörn Laakmann, der sich von meiner Begeisterung für dieses Projekt anstecken ließ und dieses schön ausgestattete Buch erst ermöglichte.

Waiblingen, im Januar 2005,
Dierk Suhr

WILHELMA – DIE GESCHICHTE

Das Badhaus des Königs 1829 wurden im Park von Schloss Rosenstein, welches gerade im Auftrag des württembergischen Königs Wilhelm I. (1781–1864) fertig gestellt worden war, Mineralquellen entdeckt – Bad Cannstatt ist noch heute weithin bekannt für seine Mineralbäder. Schon damals kam Wilhelm die Idee, sich eine Sommerresidenz mit Badhaus einzurichten, mit dessen Planung der Architekt Karl Ludwig von Zanth 1837 beauftragt und dessen Bau 1842 begonnen wurde.

»Alhambra am Neckar« Nach dem Willen Wilhelms wurde rund um das »Badhaus« ein Garten im maurischen Stil angelegt, angelehnt an die »Alhambra«, den maurischen Palast über Granada in Spanien. Nach der Einweihung war die Anlage über lange Zeit dem König und ausgewählten Besuchern vorbehalten. Eine Pflanzensammlung beherbergte die »Wilhelma« schon damals, so wurden in Gewächshäusern und dem Wintergarten Kamelien und Azaleen sowie Orangen- und Zitronenbäume gehalten. Nach dem Tod Wilhelms 1864 wurde die Anlage praktisch »vergessen«, erst ab 1880 konnten Bürger Eintrittskarten zur Besichtigung der Gewächshäuser erwerben. Nach dem

« SCHLOSS ROSENSTEIN

Ende der Monarchie ging die »Wilhelma« als »Krongut« in den Besitz des Landes über. Im Oktober 1944 wurde die Anlage bei Bombenangriffen größtenteils zerstört, einige Bauwerke, Wandelgänge und Gartenanlagen aus der Zeit Wilhelms I. sind allerdings noch erhalten.

Tomatenanbau und wilde Tiere Nach dem Krieg diente die Anlage mitten in der Stadt zunächst als Gemüse-Anbaufläche für Stuttgarter Krankenhäuser – große Teile der Rasenflächen wurden dafür umgepflügt, in den erhaltenen Gewächshäusern wurden Tomaten gezüchtet. Doch der damalige Direktor Albert Schöchle sammelte persönlich in erhalten gebliebenen botanischen Gärten das Pflanzenmaterial für einen Neuanfang – im Frühjahr 1949 wurde die Wilhelma mit einer Azaleenausstellung wieder für Besucher geöffnet. Wenige Monate später legte man mit einer ersten Aquarienausstellung den Grundstock für einen zoologisch-botanischen Garten. 1950 folgte eine Vogelausstellung, dann »Tiere des deutschen Märchens« – und der oft als »Schlitzohr« titulierte Direktor Schöchle übernahm alle diese zunächst als Wanderausstellungen konzipierten Sammlungen anschließend für die Wilhelma. Als es dem Finanzministerium, das als Erbhüter des Krongutes zuständig für die Wilhelma war und ist, nach einer Ausstellung mit »Tieren des indischen Dschungels« zu viel wurde und es verfügte, die »wilden Tiere« müssten verschwinden, lud Albert Schöchle einfach den neu gewählten Finanzminister Frank als Paten zu einer Löwentaufe. Dieses öffentlichkeitswirksame Ereignis konnte dieser natürlich nicht ausschlagen – sowenig wie er hinterher noch das »Verschwinden« der Tiere ernsthaft betreiben konnte ...

Deutschlands einziger zoologisch-botanischer Garten Heute ist die Wilhelma mit rund 8000 Tieren aus über 1000 Arten einer der artenreichsten Zoos Deutschlands, daneben werden rund 5000 Pflanzenarten gezeigt und gezüchtet. In dieser Kombination ist die Wilhelma einzigartig, sie ist der einzige zoologisch-botanische Garten Deutschlands.

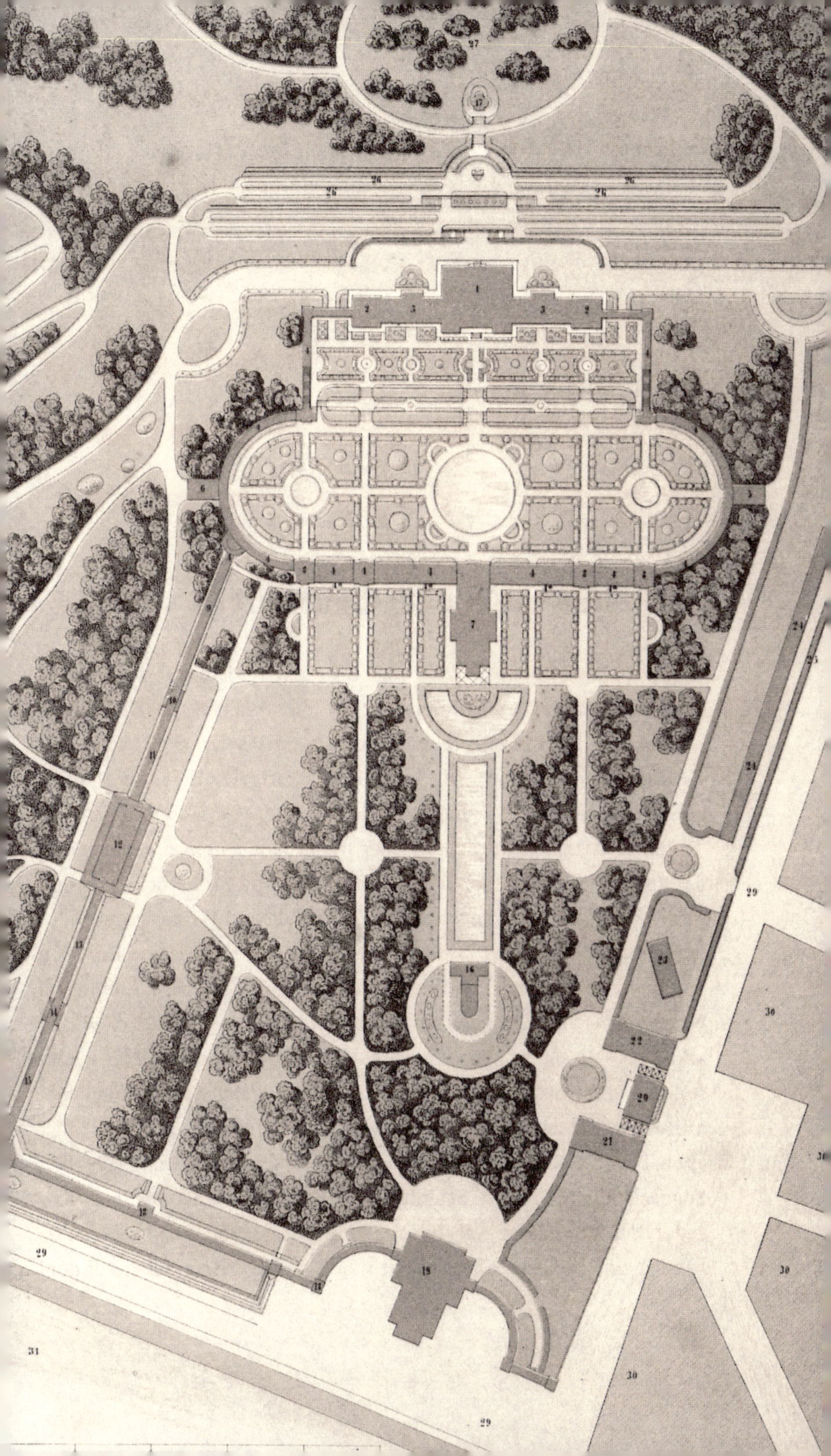

WILHELMA – DIE GESCHICHTEN VON A BIS Z

Alpensteinböcke und der Zoo als »Arche« Ein wahres Meisterstück der modernen Tierhaltung ist die Anlage für Bären und Klettertiere, die 1987 bis 1991 als »Anbau« an das damalige Wilhelma-Gelände errichtet wurde. Sie bietet gleichzeitig den Bewohnern weitgehend barrierefreie Gehege und dem Besucher das Vergnügen, die Tiere wie in ihrem natürlichen Lebensraum beobachten zu können. Die Trennung der Bären von den Schneeziegen und Steinböcken gelingt dabei durch geschickt angebrachte Felswände und Wassergrenzen. Steinböcke *(Capra ibex)* sind Vertreter der Wildziegen und kommen in mehreren Unterarten in den Hochgebirgen Europas, Asiens und Nordafrikas vor. Der auch bei uns vertretene Alpensteinbock wurde schon im Mittelalter weitgehend und bis zum 18. Jahrhundert fast vollständig ausgerottet. Hauptgrund für die Bejagung waren neben dem Wildbret und dem Gehörn wunderkräftige Heilwirkungen, die fast allen Teilen und Körpersäften des Steinbocks im Volksaberglauben zugeschrieben wurden: Steinbockblut gegen Blasensteine, sein Kot gegen Schwindsucht – als besonders wirkungsvoll wurden Bezoarsteine und Herzkreuze beschrieben. Bei den Bezoarsteinen (nach dem arabischen *bezahr* oder *bâdzahrd*, »Gegengift«) handelt es sich um Magensteine, die aus verfilzten Pflanzenfasern, Harz und Haaren bestehen, wobei letztere durch das Säubern des Fells in den Magen gelangen. Die Steine wurden als Heilmittel gegen vielfältige Krankheiten, auch gegen Krebs, eingesetzt. Als Herzkreuz wird eine Struktur aus herzförmig verknöcherten Sehnen des Herzmuskels bezeichnet, die als wundertätiges Amulett getragen wurde.

Ein kleiner Restbestand von wenigen Dutzend Tieren überlebte im norditalienischen Aostatal (Gran Paradiso), damals Hofjagd des italienischen Königs Viktor Emanuel II. Seit 1906, zunächst im schweizerischen St. Gallen, wurde und wird der Bestand planmäßig und behutsam in Gehegen vermehrt, schließlich gelang die Wiedereinbürgerung auch in Deutschland. Heute leben wieder mehrere Hundert Exemplare in den bayerischen Alpen. Der »Zoo als Arche« hat hier also bereits erfolgreich das Überleben einer Art gesichert, und dieses offenbar auch dauerhaft und nachhaltig.

Amazonienhaus – Regenwald in City-Lage Eines der größten und auch ehrgeizigsten Projekte der Wilhelma war und ist das Amazonienhaus, das den Regenwald in den Zoo bringt. Angelegt wurde es auf dem Gelände des ehemaligen Insektariums, dessen Gebäude »ausgebeint« wurde, ebenso wie das Kiwi-Haus. Hier leben nun Affen, Vögel, Kaimane und andere Reptilien aus dem Amazonas-Urwald – da die »Grüne Hölle« Amazoniens nicht zur Gänze nachgebildet werden kann, liegt der Schwerpunkt des Hauses auf dem Bergregenwald.

DER BRILLENFÖN UND DER DSCHUNGEL Gleich im Eingangsbereich des Amazonienhauses, wo Schautafeln erste Übersichtsinformationen bieten, findet sich der Brillenfön – Brillenträger sollten nicht versäumen, hier ihre Brille auf »Betriebstemperatur« zu bringen, wenn sie die ganze Pracht wirklich genießen wollen: Im Inneren herrschen das ganz Jahr über sommers wie winters 24 bis 28 Grad Celsius und 60 bis 80 Prozent Luftfeuchtigkeit – die beschlagene Brille ist somit praktisch garantiert ...

Um dem Besucher eine nahezu perfekte Illusion des Regenwaldes zu bieten, wurde der Weg so angelegt, dass nur die jeweils direkt vor und hinter einem Gehenden sichtbar sind und man fast den Eindruck hat, allein zu sein. Auch die zum Betrieb des Hauses nötige Technik wie Heizung, Wasserversorgung und Belüftung wurde gut getarnt in künstlichen Bäumen und Felsen (errichtet von einer französischen Firma mit dem schönen Namen *»Artistique du Beton«*) untergebracht. Die Beschilderung ist übrigens im ganzen Haus äußerst unaufdringlich (wer will, kann Informationen aus den ausliegenden Info-Sammlungen entnehmen), so dass sich Besucher wie Besucherin einfach dem Gefühl hingeben können, »Urwald« zu erleben.

FREI LEBENDE DSCHUNGELTIERE Das Amazonienhaus ist vor allem den Pflanzen gewidmet, Tiere kommen »nur« in ihrer natürlichen Besiedlungsdichte vor – was dem Besucher zunächst wenig vorkommt, ist er doch aus dem Zoo einen dichteren »Besatz« gewöhnt. Die meisten Tiere werden zudem nicht in Schaugehegen präsentiert, sondern verlieren sich in der weitläufigen natürlichen Umgebung und werden oft erst nach längerem Suchen entdeckt – so zum Beispiel die Kolibris. Lediglich die Affen werden aus hygienischen Gründen (und zum Schutz der frei lebenden Vogelwelt) in Gehegen mit leichtem Drahtnetz gehalten. Auch Leguan, Schlangen und Frösche leben in Terrarien – dieses aber eher zum Schutz vor allzu eifrigen Bewunderern und »Souvenirjägern« …

ALBERT-SCHÖCHLE-AMAZONIENHAUS Einen großen Beitrag zur Realisierung des Amazonienhauses hat übrigens der Verein der Freunde und Förderer der Wilhelma geleistet, der Bau und Einrichtung mit rund vier Millionen Euro unterstützt hat.

Das Amazonienhaus wurde im Jahr 2000 eröffnet und nach dem »Vater« der modernen Wilhelma auf den offiziellen Namen »Albert-Schöchle-Amazonienhaus« getauft – er war es, der als Wilhelma-Direktor nach dem Krieg auf dem zerbombten Gelände den Neuanfang für einen modernen Zoo wagte. »Abgerundet« wird die Südamerikanische Fauna des Amazonienhauses durch eine Familie der Nasen-

bären (*Nasua nasua*), die auf der Freianlage am Ausgang des Hauses wohnt – als einzige Kleinbärenart leben diese tagaktiven, südamerikanischen Waschbären-Verwandten in geselligen Gruppen. Seit 2002 wird das Amazonienhaus noch durch ein Insektarium mit Schmetterlingshalle ergänzt.

Großer Ameisenbär Der Große Ameisenbär (*Myrmecophaga tridactyla*) – es gibt auch noch einen Kleinen – ist ein Einzelgänger, den man auch in der Wilhelma nur schwer zu Gesicht bekommt. Er lebt auf der Südamerika-Anlage am Rande des Rosensteinparks. Mit seinen bis zu 15 Zentimeter langen, ausklappbaren Klauen an den Vorderfüßen öffnet er Ameisennester und Termitenbauten, wobei er die Nester nie ganz zerstört, so dass das Volk überlebt und ihm langfristig als Nahrungsgrundlage zur Verfügung steht. Etwa 35 000 Insekten täglich sammelt er mit seiner halbmeterlangen Zunge ein, die er mit erstaunlicher Geschwindigkeit über zweieinhalbmal in der Sekunde in das geöffnete Nest stößt. In der Wilhelma wird der Ameisenbär mit zerkleinertem Hundefutter, angereichert mit Vitaminen und Mineralien, gefüttert.
Geburten von Ameisenbären in Zoos sind etwas Besonderes – so ist die Wilhelma auch besonders stolz, dass ihr bereits nach kurzer Zeit die Nachzucht gelungen ist. Die kleinen Ameisenbären lassen sich allerdings den ganzen Tag auf dem Rücken der Mutter herumtragen, wo sie wegen ihrer Tarnstreifen kaum zu erkennen sind.

Das weltberühmte Aquarium Am Rande des Maurischen Gartens befindet sich eines der wissenschaftlichen Prunkstücke der Wilhelma. Das größte Aquarium Süddeutschlands wurde 1967 eingeweiht und machte die Wilhelma als Zoo schlagartig weltberühmt. Es gliedert sich in verschiedene Teile, die unterschiedliche Lebensräume repräsentieren: In einem ersten Bereich werden Tiere der gemäßigten Breiten gezeigt. Ein weiterer Teil beheimatet tropische Süßwasserfische und Bewohner der Korallenriffe. Dazwischen liegt das Terrarium mit

einer großen Krokodilhalle (die allerdings bis Herbst 2005 umgebaut wird). Auch die Königspinguine leben hier.
Am Eingang finden wir das Leben der kalten Meere und Flüsse und somit viele der Tiere, die wir von deutschen Gewässern und auch von unseren Tellern kennen.

Azaleen und Rhododendren Wenn wir gleich am Haupteingang nicht ins Freie treten, sondern der langen Reihe von Gewächshäusern folgen, stoßen wir auf ein Gewächshaus mit einer besonderen Attraktion. Beginnend im Dezember, vor allem aber im März und April bietet das Azaleenhaus eine unvergleichliche Pracht: Ein einziges Blütenmeer bedeckt die Sträucher der Rhododendren und Azaleen in Farben von weiß über rosa und rot bis hin zu blau und violett. Die beliebten Gartenpflanzen blühen bei entsprechenden Umgebungsbedingungen und etwas Pflege regelmäßig und zuverlässig und können sehr alt werden – so stammen auch die Wilhelmapflanzen zum Teil noch aus der Zeit Wilhelms I., manche der Zuchtformen sind außerhalb der Wilhelma sogar nirgends mehr zu finden.
Alle Azaleen gehören in die botanische Gattung *Rhododendron* (von griechisch *ródon* Rose und *déndron* Baum) und sind Heidekrautgewächse (*Ericaceae*). 650 der rund 850 bekannten Arten leben in West- und Zentralchina mit dem Himalaya-Gebirge, nur sieben sind in Europa heimisch. In der Praxis unterscheiden Gärtner zwischen den immergrünen Rhododendren und den sommergrünen Azaleen.

Bambus – große Gräser Bambus finden wir in der Wilhelma an vielen Standorten, an tropisch-schwülen auch in Dimensionen, die in Europa unbekannt sind. Der Name Bambus wurde 1778 von Linné eingeführt und vom indischen Wort »Mambu« oder »Bambu« abgeleitet. Möglicherweise ist der Name eine lautmalerische Nachahmung explodierender Bambushalme, die in Asien zur Abwehr von wilden Tieren abends ans Feuer gelegt wurden – eine Technik, die bereits im Reisebericht Marco Polos erwähnt wurde. Die Reisenden müssen

damals einen gesunden Schlaf gehabt haben ... Bambus kommt natürlicherweise auf beinahe allen Kontinenten außer Europa vor und gehört mit seinen 1000 verschiedenen Arten zur großen Familie der Gräser. Bambus ist die am schnellsten wachsende Pflanze der Welt. Bambusexemplare zeigen eine beeindruckende Wuchsleistung, die bis zu fünf Zentimeter pro Stunde betragen kann – man kann das »Gras« buchstäblich wachsen sehen, die Halme kommen innerhalb weniger Monate auf ihre endgültige Länge von bis zu 40 Metern (z.B. *Dendrocalamus giganteus*).

Bambus besitzt wie alle Gräser kein sekundäres Dickenwachstum, da ihm die entsprechende Wachstumsschicht, das Kambium, fehlt. Aus diesem Kambium wachsen Bäume in die Breite, während sie nach oben streben. Bei Gräsern muss die gesamte Pflanze ihre endgültige Dicke erreichen, bevor sie buchstäblich aus dem Boden bricht und durch Wasserdruck teleskopartig in die Höhe geschoben wird.

Ein erstaunliches Ereignis ist die Bambusblüte, die im Schnitt nur alle 30 bis 35 Jahre, bei manchen Arten auch nur alle 120 Jahre stattfindet; einige Arten wurden noch nie in Blüte gesehen! Wenn der Bambus blüht, dann allerdings häufig bei allen Pflanzen einer Art gleichzeitig, auch wenn die Pflanzen Tausende Kilometer auseinander stehen. Das hängt damit zusammen, dass viele Pflanzen von nur einer Mutterpflanze abstammen, von der sie durch Wurzelableger vermehrt wurden und damit alle Tochterpflanzen das genetische Programm der Mutterpflanze tragen. Nach dem Blühen stirbt die erschöpfte Pflanze in den meisten Fällen komplett ab – für viele vom Bambus wirtschaftlich abhängige Gebiete eine Katastrophe. Auch in Deutschland war ab 1993 eine verbreitete Bambusblüte von *Fargesia* zu beobachten, was offensichtlich damit zusammenhing, dass diese Pflanze als genetisch einheitlicher Klon in Europa verbreitet war.

Bäume aus Königs Zeiten Auch wenn die Wilhelma als zoologisch-botanischer Garten noch recht jung ist, so sind die Bäume der Parkanlage doch von einem beeindruckenden Alter – stammt doch ein großer Teil aus der Gründungszeit der Anlage und ist somit über 150 Jahre alt. Einige der alten Baumriesen fallen gleich am Haupteingang auf, wenn der Besucher, die Kartenkontrolle passierend, zunächst ins Freie tritt: Mächtige Exemplare von Blauglockenbaum, Platane und Ginkgo zeigen den einzigartigen Wert dieser alten und wunderschönen Anlage auf, die die Wilhelma unvergleichlich macht unter deutschen Zoos.

Biber – dem Fasten geopfert Im oberen Teil der Wilhelma, in der Nähe der Eisbären, haben die Biber (*Castor fiber*) ihr Gehege. Wenn sie nicht im Freigehege schwimmend zu finden sind, kann man durch eine Scheibe im Innern des Hauses in ihre Burg schauen – und sie dort meist schlafend finden.

Zu Zehntausenden lebten Biber an den Nebenarmen der Donauzuflüsse; Ortsnamen wie Biberach zeugen noch heute davon. 1853 waren noch einige Tiere in Neuburg an der Donau anzutreffen, doch schon ein Jahr später starb der letzte schwäbische Biber. Die Gründe für die Ausrottung des Bibers in Süddeutschland waren vielfältig. Zum einen wurden ihnen wahre Wundereigenschaften angedichtet: Die pulverisierten Nagezähne sollten gegen Zahnschmerzen helfen, die getrockneten Hoden gegen Nervenzusammenbrüche. Besondere Heilkraft sprach man den beiden Castoreum-Drüsen zu, die – wie man heute weiß – simple Salicylsäure enthalten. Im Mittelalter wurde Castoreum (»Bibergeil«) gegen Blähungen und Augenleiden wie gegen Pest und Skorbut eingesetzt.

Dazu kam, dass schwäbische Fischer gegen die Biber vorgingen, da sie glaubten, diese fräßen ihnen Fische und Krebse weg. Natürlich wurde auch ihr dichtes Fell gern zu wasserabweisenden Mützen verarbeitet. Und zu allem Überfluss musste ihr Fleisch den Gläubigen auch noch über die Fastenzeit hinweg helfen: Noch 1754 schrieb der Jesuitenpater Charlevoix, dass die medizinischen und theologischen Fakultäten von Paris das harmlose Nagetier wegen seines Schuppenschwanzes und der Lebensweise im Wasser zum »Fisch« erklärt hatten.

Der Bienenstock Als Beispiel für menschlich genutzte Insekten wird im Insektarium ein Bienenstock präsentiert. Zu den Bienen gehören ungefähr 30000 Hautflüglerarten. Hochdifferenzierte Kolonien gibt es jedoch nur bei den Honigbienenartigen, zu denen Honigbienen, Hummeln und stachellose Bienen gehören (Hummeln besitzen übrigens einen Stachel, von dem sie allerdings nur sehr selten Gebrauch machen). Die ersten Honigbienen fand man in 50 Millionen Jahre altem Bernstein aus dem oberen Eozän.

Die in der Wilhelma gezeigte und uns wohlbekannte Westliche Honigbiene (*Apis mellifera*) war ursprünglich in Eurasien und Afrika verbreitet; in Europa kommt sie heute in ihrer Wildform nicht mehr vor, wird aber auf dem ganzen Kontinent von Imkern gehalten und gezüchtet. Die älteste Bienenhaltung gab es wahrscheinlich im vorderen Orient, im 4. Jahrtausend v. Chr. bestand sie auch schon in Ägypten. Es gibt zahlreiche Überlieferungen in Form von Reliefs und Schrifttum aus dem alten Indien und dem griechisch-römischen Altertum, so auch in der »Naturgeschichte« von Aristoteles (384–332 v. Chr.). Bevor der Mensch lernte, Zucker aus Pflanzen zu gewinnen, war er als Honigräuber allerdings der größte Feind der Bienen. Wenn ein Bienenstock am Ende des Sommers geplündert wurde (Honig als begehrte Energienahrung, die Bienenbrut als Eiweißlieferant), war in der Regel das ganze Volk zum Sterben verurteilt, da es den Winter nicht überstehen konnte. Das älteste Dokument dazu, eine steinzeitliche, etwa 10000 Jahre alte Höhlenzeichnung bei Bikorp in Spanien, zeigt »Honigjäger« bei der Arbeit.

SEHEN MIT VIELEN AUGEN IN ANDEREN FARBEN Die Sinne der Biene und ebenso anderer Insekten sind ausgezeichnet, vor allem das Sehvermögen. Neben ihren Facettenaugen, die aus Tausenden von Einzelaugen, so genannten Ommatidien, bestehen, besitzt sie noch drei Punktaugen auf der Stirn, mit denen sie die Lichtintensität messen kann. Das Gesichtsfeld der Facettenaugen umfasst fast 360 Grad. Aufgrund des Baus der Augen ist die Biene in der Lage, die Polarisierung des Sonnenlichts zu erkennen, so dass sie auch bei bedecktem Himmel die Position der Sonne bestimmen kann. Bienen sehen Farben, aber nicht die gleichen wie wir Menschen. Den langwelligen Anteil des Spektrums, den wir als Rot wahrnehmen, erkennen sie nicht, stattdessen sehen sie noch sehr gut im extrem kurzwelligen ultravioletten Bereich, der jenseits unserer Wahrnehmung liegt. Klatschmohn lacht also Bienen nicht mit seiner roten Farbe an, sondern durch seine leuchtende Färbung im ultravioletten Bereich, die für uns unsichtbar ist. Durch kleine eisenhaltige Kristalle in bestimmten Zellen des Hinterleibes können sich Bienen vermutlich sogar am Magnetfeld der Erde orientieren.

Ursprüngliche Blütenpflanzen verlassen sich zur Verbreitung ihrer Pollen auf den Wind, höher entwickelte passten sich in einer so genannten Koevolution an bestimmte Tiere als Bestäuber an. Heute sind ca. 80 Prozent der Blütenpflanzen auf Insekten angewiesen, von denen Bienen die wichtigste Gruppe bilden.

Die letzten Bisons An der Weggabelung am Rande der historischen Wilhelma, die uns zum Schaubauernhof führt, finden wir das Gehege der Bisons (*Bison bison*). Fast wären diese imposanten, bis zu 1000 Kilogramm schweren Tiere durch den Menschen ausgerottet worden – und das sogar mit voller Absicht ... Bis zu 60 Millionen Bisons zogen vor 200 Jahren noch durch die nordamerikanische Prärie, ihr Fleisch und Fell, ihre Sehnen und Knochen stellten die Lebensgrundlage vieler Indianervölker dar. Um die Indianer zu schwächen, töteten die europäischen Siedler Tiere in einem heute kaum vorstellbaren Ausmaß (zwischen 1870 und 1875 jedes Jahr rund 2,5 Millionen Tiere) und löschten die einzige amerikanische Rinderart damit fast aus: Am Ende des 19. Jahrhunderts lebten keine 1000 Bisons mehr. Die Rettung der Bisons ging damals vom Direktor des New Yorker Zoos aus – als erstes koordiniertes Zuchtprogramm zur Erhaltung einer bedrohten Art wurde 1905 die »Amerikanische Bisongesellschaft« gegründet. Heute leben in Nordamerika wieder über 30 000 Tiere, vor allem in Schutzgebieten, und

natürlich trägt auch die Wilhelma durch ihre Nachzuchten zur weiteren Stabilisierung bei.

Blattschneiderameisen – Insekten als Pilzzüchter Ebenfalls im Insektarium finden wir ein großes Nest der Blattschneiderameisen. Diese Ameisen leben in den süd- und mittelamerikanischen Tropen. Da sie Zellulose (den Hauptbestandteil der Pflanzen) nicht verdauen können, nutzen sie die Hilfe anderer Organismen: Für ihre Ernährung tragen sie Unmengen von Blattstücken, die sie zuvor abgeschnitten haben (daher der Name) und die um ein Vielfaches größer sind als sie selbst, in ihr Nest, kauen sie zu Brei – und züchten darauf Pilze! Eine Kulturleistung, wie man sie diesen einfachen Tieren kaum zutraut! Die auf dem Blätterkuchen wachsenden Pilzfäden stellen dann die Hauptnahrung der Ameisen, die Ausscheidungen der Ameisen dienen wiederum als Dünger für die Pilze. Die Ausbildung von Fruchtkörpern (die uns bekannten, typischen »Pilze«) unterbleibt übrigens durch die regelmäßige, vorherige Ernte.

Der Blauglockenbaum *Paulownia* Die Paulownien oder Blauglockenbäume gleich am Haupteingang, die im Frühjahr schon vor dem Blattaustrieb mit großen blauen Blüten beeindrucken, stammen ursprünglich aus Ostasien. Dort wird der Baum seit Jahrtausenden verehrt als der sagenumwobene Sitz des Vogels Phönix; er symbolisiert zudem das Yang-Prinzip und steht für Glück und Frieden.
Ihren lateinischen Namen bekam die Pflanze im Jahr 1835 zu Ehren der niederländischen Kronprinzessin Anna Paulowna, einer Tochter des Zaren Paul I. Als Geschenk zur Freude und Ehre Wilhelms erreichten die Bäume, wie damals viele exotische Pflanzen aus aller Welt, schon bald die Anlage der Wilhelma.

Fast als Trommeln geendet: Bongo-Antilopen Die Bongos (*Tragelaphus euryceros*) in der Nähe des Belvedere-Pavillons gehören mit ihrer Fellzeichnung zu den schönsten Antilopen. Bongos sind ausgesprochen selten: Wegen ihres Fleisches und ihrer schönen Haut begehrt, wurden sie bis in die 1960er Jahre gejagt, ihre Haut wurde zur Bespannung von Bongo-Trommeln verwendet. In ihrer ostafrikanischen Heimat waren sie bis auf weniger als 300 Tiere dezimiert, durch ein internationales Zuchtprogramm, an dem sich auch die Wilhelma beteiligt, ist die Erhaltung der Art im letzten Moment gelungen. Im Frühjahr 2004 wurden die ersten 18 Bongos aus Zoo-Nachzuchten wieder in ihrer Heimat Kenia angesiedelt.

Bonobos – neue Verwandtschaft Im Menschenaffenhaus finden wir neben den Schimpansen die ähnlich aussehenden Bonobos, auch Zwergschimpansen genannt. Sie werden am seltensten von allen Menschenaffenarten in Zoos gezeigt. Lange galten sie als Unterart des Schimpansen – neueste, vor allem molekularbiologische Untersuchungen ergaben aber, dass Bonobos als eigenständige Art (*Pan paniscus*) zu betrachten sind. So gibt es nun also eine »neue«, vierte Art der Menschaffen, die als unsere nächste Verwandtschaft gilt – manche Untersuchungen schlagen sogar vor, Bonobo und Schimpanse als Arten unserer Menschengattung Homo zuzuordnen! Unabhängig von diesen genetischen Befunden gibt es beim Bonobo einige Merkmale, die sonst nur beim Menschen vorkommen: Neben den rosa Lippen (die Lippen der anderen Affen sind schwarz) ist vor allem der soziale Sex auffällig – nicht nur zur Arterhaltung, sondern auch aus Langeweile, zur Beruhigung nach Streitigkeiten oder zwischen gleichgeschlechtlichen Tieren.

Brillenbären – kurze Schnauze Der Brillenbär (*Tremarctos ornatus*) ist nicht nur der einzige Bär Südamerikas, er ist zudem der einzige überlebende Vertreter der während der Eiszeit weit verbreiteten Familie der Kurzschnauzenbären. In der Wilhelma bildet sein Gehege

die »Überleitung« von der Anlage für Bären und Klettertiere zur Südamerika-Anlage.
Brillenbären können ausgezeichnet klettern und nutzen gern Astgabeln als Ausguck, was auch in der Wilhelma oft zu beobachten ist. Sie bauen sich sogar Schlafnester auf Bäumen. Brillenbären ernähren sich überwiegend vegetarisch von Früchten, Nüssen und jungen Trieben, verschmähen aber auch Insekten, Kleintiere und Aas nicht. Brillenbären lassen sich unterscheiden an der individuellen und namensgebenden Gesichtszeichnung, die allerdings die Augen nicht immer brillenartig ganz umschließt. Die Zahl der wild lebenden Brillenbären ist nicht genau bekannt, doch gehen die Bestände durch Vernichtung des Lebensraumes in den Anden zurück. Zudem werden sie von Bauern bejagt, da sie Geschmack an Maisfeldern finden.

Braune Bären Der Braunbär (*Ursus arctos*) ist in der Wilhelma durch die Unterart des Syrischen Braunbären vertreten. Als kleinste Unterart bringt er es dennoch auf 150 bis 250, selten auch auf 350 Kilogramm Gewicht.
Bären sind Sohlengänger; anders als zum Beispiel Hunde setzen Bären beim Gehen die ganze Handfläche bzw. Fußsohle auf. Die Augen des Braunbären sind klein und spielen bei der Orientierung nur eine untergeordnete Rolle – Bewegungen nehmen die Tiere aber auch aus großer Entfernung sehr genau wahr.
Da der Bär durch das dichte Fell und seine Körperfülle vor Wärmeverlusten gut geschützt ist, ist sein Energieverbrauch im Vergleich zu hunde- oder katzenartigen Raubtieren recht gering. Bären können daher im Gegensatz zu diesen auch mit reiner Pflanzenkost überleben, woran auch ihr Gebiss angepasst ist: Während die Eckzähne (Fangzähne) das Raubtier verraten, sind die Backenzähne niedrig und breit ausgebildet, um Pflanzen zermahlen zu können. Beim Fressen von Pflanzen helfen auch die beweglichen Lippen. Da die restliche Gesichtsmuskulatur recht schwach ausgebildet ist, besitzen Bären keine ausgeprägte Mimik, was zusammen mit den kleinen Augen einen recht

maskenhaften Gesichtsausdruck hervorruft. Die Freilandbestände des Syrischen Braunbären sind praktisch ausgerottet, höchstens 100 Tiere leben noch in den Zoos der Welt, darunter eben auch einige in der Wilhelma. In Europa (ohne Russland) leben heute noch etwa 6000 Braunbären der europäischen Unterart, hauptsächlich in den Balkanstaaten und Skandinavien. In den Pyrenäen dürften noch etwa 100, im Abruzzen-Nationalpark bei Rom rund 60 Tiere anzutreffen sein. Sogar in den Alpen konnte sich eine kleine Population von 5 bis 10 Bären halten.

Brüllende Affen Charakteristisch für den südamerikanischen Tropenwald sind die Brüllaffen – so dürfen sie natürlich auch im Amazonienhaus nicht fehlen. Die Brüllaffen tragen ihren Namen übrigens zu Recht – mit ihrem lauten Gebrüll, das über Kilometer weit zu hören ist, markieren sie im Urwald ihr Revier. Obwohl sie die schwersten Neuweltaffen sind, ernähren sie sich fast ausschließlich von Blättern, die bekanntlich nicht besonders nährstoffreich sind. Dementsprechend inaktiv verbringen Brüllaffen ihre Tage – um die Blätter im Magen in Ruhe aufzuschließen und möglichst wenig Energie zu verbrauchen. Um ihnen eine entsprechende Auswahl zu bieten, wurden in ihrem Gehege 22 verschiedene südamerikanische Pflanzen angebaut – Zoologen und Gärtner ließen sich überraschen, welche Teile der Dekoration für die Tiere schmackhaft sind; schließlich sollen die Brüllaffen sich in der Wilhelma wohl fühlen und zum Erfolg des entsprechenden Europäischen Erhaltungszuchtprogramms beitragen, an dem sich nur zehn europäische Zoos beteiligen.
Ebenso Teil eines Erhaltungszuchtprogramms ist die Gruppe der brasilianischen Goldkopflöwenäffchen im Amazonienhaus – nur rund 10 000 dieser Tiere leben noch in freier Wildbahn. Eine andere der vier Löwenäffchen-Arten, das Goldene Löwenäffchen, wurde bereits konkret durch Auswilderung von Zoo-Nachzuchten erfolgreich vor dem Aussterben bewahrt.

Die Damaszenerhalle – ursprüngliche Wilhelma-Pracht Im historischen Herzen der Wilhelma, unweit des Seelöwengeheges, sehen wir an einem langen See mit Pelikanen und Enten (dem so genannten »Langen See«) ein besonderes architektonisches wie historisches Glanzstück: die Damaszenerhalle.

Erbaut wurde sie nach dem Vorbild edler Stadthäuser in Damaskus. Dem Kalifat von Damaskus unterstanden die ersten maurischen Eroberer, die 711 in Spanien landeten; erst 756 gründeten sie das selbstständige Kalifat von Cordoba, hier wurde im 13. und 14. Jahrhundert die Alhambra (»Rote Burg«) erbaut, die später das Vorbild für die historische Wilhelma werden sollte.

Die Damaszenerhalle hat als einziges historisches Wilhelma-Gebäude die Kriegszerstörungen unbeschädigt überstanden – hier kann man noch die ganze maurische Pracht der früheren königlichen Anlage erahnen. Im Innern sind herrliche Deckengemälde und Wandverkleidungen in Stuckmarmor zu bewundern, die in den vergangenen Jahren aufwändig restauriert wurden. Nach alten Stichen und Fotos wurde auch dem »Langen See« wieder sein historisch-majestätisches Bild gegeben: Der ehemals vorhandene Zaun wurde entfernt, die Einfassung des Wassers ausgebessert, der See geputzt und mit gusseisernen, historischen Vorlagen nachempfundenen Blumenkübeln geschmückt.

In der Halle ist eine kleine Ausstellung über die Geschichte der Wilhelma untergebracht, die einen Besuch lohnt. Die Damaszenerhalle ist allerdings zu ihrem Schutz während der kalten Jahreszeit ganz geschlossen und auch das restliche Jahr über nur Nachmittags von 13.30 Uhr bis 15.30 Uhr geöffnet.

Eisbären – in unseren Breiten? Der Eisbär (*Ursus maritimus*) zählt mit dem Karpaten- und dem Kodiakbär, zwei nördlichen Unterarten des Braunbärs, zu den größten lebenden Landraubtieren. Durch verschiedene Anpassungen gehören Eisbären zu den ganz wenigen Säugetieren, die ganzjährig im Polargebiet leben können. Sein weißes

(im Sommer gelbliches) Fell tarnt ihn hervorragend für die Robbenjagd auf dem Eis – und schützt ihn so gut vor Wärmeverlust, dass er nicht einmal mit Infrarotgeräten aufgespürt werden kann.

Die Unterseite seiner Pfoten ist dicht mit kurzen, borstigen Haaren bedeckt, die gegen Kälte isolieren und gleichzeitig verhindern, dass das massige Tier auf Eis ins Rutschen gerät. Außerdem tragen die Zehen kräftige Krallen, die beim Klettern helfen. Dazu besitzen die Pfoten kurze Schwimmhäute zwischen den Zehen, so dass sich Eisbären sowohl auf Schnee und Eis als auch im Wasser fortbewegen können.

Die farblosen hohlen Haare leiten Sonnenlicht wie Glasfasern zum Körper, wo es auf der schwarzen Haut absorbiert und zu Wärme umgewandelt wird – eine Einrichtung, die im Tierreich nur beim Eisbären bekannt ist.

In freier Natur jagen Eisbären Robben und Fische, und da es nicht immer etwas zu fressen gibt, ist ein Eisbär, dem man in freier Wildbahn begegnet, meist ein hungriger Eisbär. Vielleicht trägt das zu seinem Ruf bei, das gefährlichste Raubtier der Welt zu sein – was nicht zutrifft, so lange die Bären etwas zu fressen bekommen. In der Wilhelma füttert man sie vor allem mit Obst, Fisch und Pferdefleisch. Die Fische bekommen sie manchmal lebend, damit sie diese jagen können. Im Sommer wird das Futter in Blöcken tiefgefroren und ins Becken geworfen – so sind die Eisbären stundenlang beschäftigt. Ihr Futter bekommen sie übrigens zu unterschiedlichsten Zeiten, damit sie nicht träge werden; die Zeiten sind jeden Tag im Schaukasten am Haupteingang angegeben.

Ihre Jungen – lediglich meerschweinchengroß – bringen die Bärinnen im Winter in tiefen Schneehöhlen zur Welt. Erst im Frühjahr verlassen sie mit ihrem Nachwuchs die Höhle. Damit sie auch in der Wilhelma vergleichbar ungestört bleiben, sind die Wurfboxen völlig abgeschirmt im Inneren der Anlage untergebracht und für die Besucher nicht einsehbar.

Mit den Temperaturen in der Wilhelma haben die Eisbären übrigens keine Probleme: Bei warmem Wetter liegen sie bewegungslos herum

oder tummeln sich im kühlenden Wasser. Auch in ihrer arktischen Heimat verbringen sie in warmen Sommern einen Teil des Jahres in der eisfreien Tundra, in der Temperaturen wie in unseren Breiten erreicht werden können.

Elefanten: afrikanisch oder indisch? Elefanten waren früher mit 300 Arten über die ganze Welt verbreitet, die ersten Vertreter gab es bereits vor 50 Millionen Jahren. Heute stellen sie mit nur noch zwei Arten die letzten Vertreter der Ordnung der Rüsseltiere (*Proboscidae*) in Afrika und Asien, wobei sich die beiden Entwicklungslinien bereits im Jung-Tertiär getrennt haben.

DAS GRÖSSTE TIER VON ALLEN Das größte Tier in der Wilhelma ist der Asiatische Elefant (*Elephas maximus*) – das größte lebende Landlebewesen ist allerdings sein Vetter, der Afrikanische Elefant (*Laxodontia africanus*). Zu unterscheiden sind die beiden Arten (die auch verschiedenen Gattungen angehören, wie der Name zeigt – ihre Verwandtschaft ist also nicht so eng, wie es scheinen mag) durch mehrere äußere Merkmale.

Da sind zunächst natürlich die Ohren zu nennen, die beim Asiatischen Elefanten im Ruhezustand nicht die gesamten Schultern bedecken. Der Rücken des Asiatischen Elefanten ist zu einem »Buckel« gewölbt, während der Afrikanische Elefant einen durchhängenden »Sattel-Rücken« hat. Außerdem zeigt der Asiatische Elefant zwei ausgeprägte Schädelwülste, wodurch er Ähnlichkeit mit dem Mammut hat, wie wir es von Felszeichnungen her kennen.

Beim Afrikanischen Elefanten tragen beide Geschlechter Stoßzähne, während diese bei Asiatischen Elefantenkühen nicht sichtbar sind, so dass man mit einem Blick auf die Wilhelma-Elefanten deren Art und deren Geschlecht bestimmen kann. Dass in Zoos vorwiegend Elefantenkühe gehalten werden, hat einen guten Grund: Wild lebende Bullen sind Einzelgänger, die nur während der »Musth« genannten Brunstzeit die Nähe der Kühe suchen und deshalb nicht mit diesen zusammen zu halten wären. Zudem sind sie während der »Musth« derart

aggressiv, dass sie dann auch für den Menschen eine große Gefahr darstellen. Im Zürcher Zoo steht als große Ausnahme ein Elefantenbulle, der aber hinter hydraulisch beweglichen, massiven Gittern gehalten werden muss, damit die Pfleger im Ernstfall nicht gefährdet werden. Nicht zuletzt besitzt der Afrikanische Elefant an der Rüsselspitze zwei gegenüberliegende Finger, die ihm zum Greifen dienen – der Asiatische Elefant muss sich hier mit einem Finger begnügen, wie man bei genauem Hinsehen feststellen kann. Der Rüssel – ein im Tierreich einzigartiges Körpermerkmal – wird übrigens von einer Verlängerung der Nase gebildet und nicht, wie früher angenommen, durch eine gemeinsame Verlängerung von Nase und Oberlippe.

ALTE WILHELMA-ELEFANTEN In freier Wildbahn werden Elefanten rund 40 Jahre alt. Die Wilhelma-Elefanten sind zwischen 1948 und 1968 geboren – und damit jetzt schon älter, als sie in Freiheit geworden wären. Der älteste bekannte Elefant in Menschenhand wurde 69 Jahre alt.

Asiatische Elefanten entwickeln im Alter oft große pigmentlose Stellen an Kopf, Rüssel und Ohren – so auch die Elefanten in der Wilhelma. Diese hellen Flecken führten dazu, dass man früher an »heilige« weiße Elefanten glaubte. Echte Albinos sind allerdings bei Elefanten sehr selten.

Die Elefantenbestände in Afrika und Asien sind heutzutage stark dezimiert, da sie seit Jahrhunderten wegen des Elfenbeins, des so genannten »weißen Goldes«, gejagt wurden. 1989 wurde von über 100 Ländern ein Handelsverbot für Elfenbein vereinbart; seitdem erholen sich die Bestände in Afrika langsam, während sie in Asien wegen der Vernichtung ihres Lebensraumes weiter zurückgehen. Zahnmedizinisch gesehen handelt es sich bei den Stoßzähnen um umgewandelte obere Schneidezähne, die ständig nachwachsen, und bei Elfenbein um eine Mischung aus Zahnbein (Dentin), Knorpelstoffen und eingelagerten Kalziumsalzen, die auch bei anderen Tieren vorkommt – in den Zähnen von Pottwalen und Flusspferden oder den Hauern von Warzenschweinen. In Skandinavien wurden auch die Eckzähne des

Walrosses und der Stoßzahn des Narwals (»Einhorn der Meere«) für Elfenbein-Schnitzereien verwendet.

KAUEN AUF VIER ZÄHNEN Außer den Stoßzähnen hat der Elefant nur vier gewaltige Zähne, jeweils zwei im Ober- und zwei im Unterkiefer. Sind diese Zähne »abgekaut«, schiebt sich ein neuer Zahn von hinten nach, während der verbrauchte Zahn durch seine Lamellenstruktur vorne abblättert – insgesamt sind es sechs angelegte Zähne pro Kieferast. Ist der letzte Zahn verbraucht, verhungert der Elefant, da er die Nahrung nicht mehr zerkauen und damit richtig aufschließen kann – zumindest in freier Wildbahn. Das erklärt, warum Elefanten in Zoos so viel älter werden.

Die Füße der Elefanten sind übrigens weich, auch wenn man sich das beim bloßen Hinschauen kaum vorstellen kann. Anatomisch gesehen gehen Elefanten auf den Zehenspitzen, von denen nur die Zehennägel sichtbar sind. Die zylindrische Form des Fußes wird durch ein gallertartiges Bindegewebspolster gebildet, in das die Zehenspitzen eingebettet sind. Die Sohlen und Zehennägel der Wilhelma-Elefanten werden regelmäßig vom Pfleger abgefeilt, damit es nicht zu Einwachsungen und Entzündungen kommt. Auch die Haut muss trotz ihrer scheinbaren und sprichwörtlichen Dicke regelmäßig und gründlich gepflegt werden.

Der Mensch bedient sich des Elefanten bereits seit mehr als 5000 Jahren. In Asien wird er bis heute als Arbeitstier bei Waldarbeiten eingesetzt. Auch die Wilhelma-Elefanten sind dressiert und gehorchen auf rund 20 verschiedene Kommandos. Ein richtiges »Haustier« ist der Elefant allerdings nie geworden, »Nachschub« wird stets in Form von Wildelefanten besorgt; Grund dafür ist, dass es traurigerweise wirtschaftlicher ist, einen Elefanten zu fangen, als auf die Arbeitskraft einer trächtigen Kuh während ihrer langen Tragedauer von fast zwei Jahren zu verzichten.

Auch bei Feldzügen wurden früher Elefanten eingesetzt, um die gegnerischen Linien zu durchbrechen – am bekanntesten dürfte die Geschichte der Karthager sein, die 218 v. Chr. unter ihrem Oberbefehlshaber Hannibal mit einem Heer und Kriegselefanten von Spanien kommend die Alpen überquerten.

Im Mittelalter kamen Elefanten als exotische Gastgeschenke nach Europa, so als größte zoologische Sensation des Frühmittelalters im Jahr 802 der Elefant »Abul Abaz« als Gabe des Kalifen Harun al Raschid an Kaiser Karl den Großen in Aachen. Im 18. Jahrhundert tauchten die ersten Afrikanischen Elefanten in Wanderzirkussen in Europa auf. 1697 wurde ein Elefant durch einen wandernden Schausteller auch in Stuttgart gezeigt. 1952 kamen die ersten Elefanten in die heutige Wilhelma, seit 1968 existiert das Elefanten-Nashorn-Haus in seiner heutigen Form; ein Neubau ist zurzeit in Planung, wird aber vor dem Bau des Rosensteintunnels 2012 nicht umgesetzt.

Faultiere – die letzten einer großen Familie Zwischen dem Kleinsäuger- und dem Vogelhaus am Rande des Wintergartens befindet sich das Gehege der Faultiere. Faultiere sind die letzten Überlebenden aus einer Zeit, in der die Vertreter ihrer Familie weit verbreitet waren und zum Teil riesige Abmessungen erreichten – bis vor 10 000 Jahren gab es noch Riesenfaultiere in Nashorngröße. Heute leben sie nur noch in Südamerika, gehören dort jedoch zu den häufigsten Säugetieren der Regenwälder. Für die Eroberer der Neuen Welt gehörten die Faultiere zu den wunderlichsten Entdeckungen. Die erste Beschreibung findet sich in der »Historia general y natural de las Indias« von 1535. *Perico ligero*, das »behände Peterchen«, nannten die Spanier es spöttisch, und meinten, es lebe von Luft, da man es nur an den Bäumen hängen und nie fressen sähe.

LEBEN IN ZEITLUPE Faultiere verbringen ihr ganzes Leben in Zeitlupe, größtenteils schlafend und Kopf unter – ihr Haarscheitel liegt nicht auf dem Rücken, sondern auf dem Bauch, damit Regenwasser besser von den hängenden Tieren ablaufen kann. Sogar ihr Stoffwechsel ist relativ träge: Die normale Körpertemperatur liegt bei nur 32 Grad Celsius und passt sich zudem den äußeren Bedingungen an, in kälteren Nächten sinkt sie noch um einige Grad ab. Seine Trägheit und sein

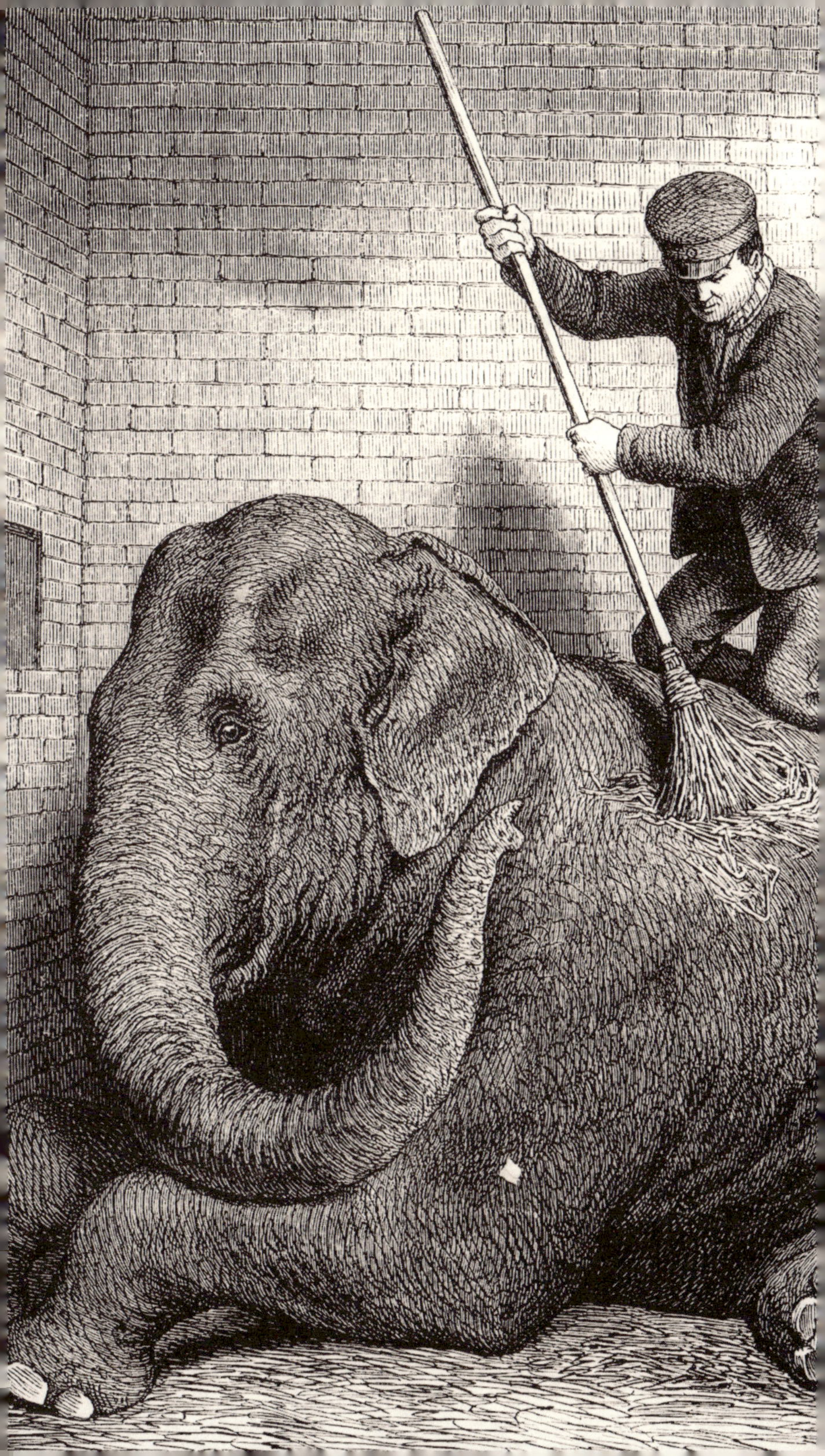

sparsamer Stoffwechsel erlauben es dem Faultier, mit recht wenig Nährstoffen auszukommen.
In der Wilhelma lebt das Zweifinger-Faultier (*Choloepus didactylus*). Zwei seiner Finger sind zu langen Krallen geformt, die anderen drei Finger zurückgebildet – das Dreifinger-Faultier oder Aï (aus der Gattung *Bradypus*) hat dementsprechend drei Krallen an den Vorderbeinen, an den Hinterbeinen tragen beide Arten drei krallenbewehrte Zehen. Die Krallen dienen als Klammerhaken für ihre hängende Lebensweise, aber auch zur Verteidigung, wenn sie am Boden von Feinden überrascht werden.

MEHR HALSWIRBEL ALS GIRAFFEN UND KÄFER IM PELZ Faultiere haben zusätzliche Gelenke in Bereich der Brust- und Lendenwirbel, die bei anderen Säugetieren nicht vorkommen – zoologisch bilden sie daher eine eigene Ordnung, die Nebengelenktiere (*Xenarthra*). Ihre nächsten, nicht minder kuriosen Verwandten sind Gürteltiere und Ameisenbären.
Auch bei der Zahl der Halswirbel unterscheiden sich die Faultiere. Fast alle Säugetiere besitzen sieben dieser Wirbelknochen, das Zweifinger-Faultier nur sechs. Das Dreizehen-Faultier verfügt dagegen über neun Halswirbel – sogar die Giraffe kommt mit den üblichen sieben Wirbelknochen im Hals aus.
Im Fell der Faultiere leben verschieden Arten von mikroskopisch kleinen Algen, die den Tieren eine leicht grünliche Färbung verleihen. Sie bilden wiederum die Lebensgrundlage für eine ganz spezielle Tierwelt, die sich im Lauf der Jahrmillionen entwickelt hat: Vier Arten von Käfern, neun Schmetterlings- und verschiedenste Milbenarten kommen auf Faultieren vor – auf einem einzelnen Tier über 100 Schmetterlinge und an die 1000 Käfer! Diese Insekten sind so auf das »Biotop Faultier« spezialisiert, dass sie ohne dieses überhaupt nicht existieren können.

Die Felsanlagen – Schafe, Affen und der Schliefer

In einem Gehege voller Kletterfelsen, auf halbem Weg zwischen der historischen und der »neuen« Wilhelma, leben Mähneschafe (auch wenn sie eher wie Ziegen aussehen), zusammen mit Blutbrustpavianen oder Dsche-

ladas. In freier Wildbahn leben diese Affen und Schafe kaum zusammen, stammen die einen doch aus Ost-, die anderen aus Westafrika. Allerdings verstehen sich die Tiere augenscheinlich gut, unterhalten sich gegenseitig prächtig und bieten den Besuchern ein unterhaltsames Schauspiel – sicherlich ein Grund, dass man diese Kombination in vielen Zoos findet.

Ein weiterer Bewohner des Geheges ist der Klippschiefer, ein kleines, versteckt lebendes Tier, das man für einen Nagetierverwandten halten würde. Tatsächlich ist es trotz seiner geringen Größe mit den Huftieren verwandt und dem Elefanten genetisch näher als Hasen oder Meerschweinchen.

Fetzenfisch – australische Seltenheit Fetzenfische sind eine echte Rarität in deutschen Aquarien – die Wilhelma präsentiert sie als einer der wenigen Zoos. Sie gehören zu den Röhrenmäulern und sind nahe Verwandte der Seepferdchen und Seenadeln. Neben dem in der Wilhema gezeigten »Kleinen Fetzenfisch« (*Phyllopterix taeniolatus*) gibt es auch noch die »große« Art. Natürlicherweise kommen sie nur in den Seegraswiesen vor der australischen Küste vor, wo sie wegen ihrer fetzenartigen Körperfortsätze von Fressfeinden kaum zu erkennen sind und sich perfekt getarnt ihrer Beute, hauptsächlich Garnelen, nähern können.

Flamingos – rosa durch Paprika Gleich am Eingang der Wilhelma befindet sich, wie in vielen Zoos, eine Flamingo-Gruppe; dass diese Vögel oft am Eingang zu finden sind, mag mehrere Gründe haben. Zum einen geben sie einfach ein sehr schönes Bild ab, zum anderen sind sie so leicht zu erkennen. Der Besucher hat gleich ein Erfolgserlebnis, »Aha, Flamingos«.

Die wunderschön gefärbten Vögel sind zunächst grau, wenn sie aus dem Ei schlüpfen. Ihre rosa oder rote Färbung erhalten sie erst über die Nahrung, deren Farbstoff sich in ihre Federn einlagert. Damit die rosa Färbung auch im Zoo erhalten bleibt, wird ihrem Futter das syn-

thetisch herstellbare Carotinoid Canthaxantin als Zusatz beigemischt, ein Ersatz für die kleinen Krebschen ihrer Heimatgewässer, die sonst den Hauptbestandteil ihrer Nahrung ausmachen. Dieses Carotinoid bekommen übrigens auch Legehennen, damit unsere billigen Supermarkt-Eier einen kräftig gelb gefärbten Eidotter aufweisen.
Als das Canthaxantin noch nicht so einfach erhältlich war, erhielten die Flamingos – das ist kein Witz! – übrigens Paprikapulver, damit sie ihre schöne Färbung beibehielten.
Der Oberschnabel der Flamingos ist sehr beweglich und – im Gegensatz zu allen anderen Vogelgruppen – über ein Gelenk mit dem Schädel verbunden, während der Unterschnabel fest mit dem Schädelknochen verwachsen ist. Flamingos werden daher auch als »Verkehrtschnäbler« bezeichnet. Im Schnabel befindet sich ein Seihapparat aus feinen Lamellen, mit dem Nahrungsteilchen wie die kleinen Krebschen aus dem Wasser gefiltert werden.

DIE WILHELMA UND IHR MINERALWASSER Da Flamingos durch ihre Lebensweise an das Wasser angepasst sind, müssen sie in anderen Zoos im Winter, wenn die Temperaturen unter den Gefrierpunkt rutschen, eingefangen und in geschlossene Räume gebracht werden. Dabei kann es zu Verletzungen kommen, die im Fall von Beinbrüchen tödlich sein können, da in den Beinen große Blutgefäße verlaufen. In der Wilhelma können die Flamingos dank des Sees aus Mineralwasser, welches das ganze Jahr mit gleich bleibender Temperatur aus dem Boden strömt, auch den Winter im Freien verbringen.
Ihre Nester häufen die Flamingos in geduldiger Kleinarbeit aus Lehm am Uferrand auf, auch in der Wilhelma. Die Küken werden von den Eltern mit einer bluthaltigen Nährflüssigkeit aus der Speiseröhre und dem Vormagen gefüttert.

Gefährliche Flusspferde Das Flusspferd (*Hippopotamus amphibius*) trägt seinen Namen zu Unrecht, da es eher ein Verwandter der Schweine ist. Obwohl ein strenger Vegetarier, ist das Flusspferd das gefährlichste Tier Afrikas: Die meisten Todesfälle gehen nicht etwa auf Begegnungen mit Löwen oder Krokodilen zurück, sondern auf solche mit Flusspferden. Werden sie erschreckt und wollen zurück in die Sicherheit des schützenden Wassers, können die fliehenden Kolosse an Land Geschwindigkeiten von 30 Kilometern je Stunde erreichen. Das Flusspferd ernährt sich nur von Gras und Algen und hat dennoch ein mächtiges Maul mit 40 Zähnen. Ein speziell ausgestattetes Kiefergelenk und die tief eingeschnittene Maulfalte erlauben dem Flusspferd, sein Maul in einem Winkel bis zu 150 Grad zu öffnen. Die Schneidezähne, mit denen die Tiere ihre Nahrung abgrasen, und die dolchartigen Eckzähne wachsen zeitlebens nach. Bei männlichen Tieren können die Hauer bis zu 50 Zentimeter lang und drei Kilogramm schwer werden.

Das weit aufgerissene Maul wurde einem Publikumsliebling auch schon zum Verderben: Flusspferdbulle »Egon«, seit 1968 im neuen Flusspferdhaus zu Hause, starb 1988 an einem Tennisball, den ihm ein unvernünftiger Besucher ins Maul geworfen hatte. Er verendete nach mehreren Wochen, in denen die Tierärzte über die Ursachen seiner Unpässlichkeit rätselten, an einem Darmverschluss.

Fuchsien – vormals edel Die Fuchsien, die sich je nach Jahreszeit abwechselnd mit den Kamelien das Gewächshaus am Eingang teilen, teilen auch das Schicksal der Kamelien. Auch sie waren früher geschätzte, exotische Gartenblumen, doch sind es heute eher nicht mehr. Aus ursprünglichen, unscheinbaren Wildformen, die auch in der Wilhelma zu sehen sind, wurden zahllose Gartenfuchsien-Sorten gezüchtet, mal auf Hochstämmen, mal als Hängefuchsien wachsend, von denen in der Wilhelma eine beeindruckende Zahl alter und neuer Sorten zu Hause ist.

Interessant ist auch ein spezieller Ansatz zur biologischen Schädlingsbekämpfung: Die Schlupfwespe *Encarsia formosa* kämpft hier im Fuchsienhaus schadstofffrei gegen die Ausbreitung der »Weißen Fliege« (*Trialeurodes vaporariorum*), indem sie ihre Eier in deren Larven ablegt – die 1,5 bis 2 Millimeter kleine Gewächshausmottenschildlaus, die auch an vielen Zimmerpflanzen bei der kleinsten Berührung springend und fliegend zu entdecken sind, ist heute der größte Schäd-

ling an Gemüse- und Zierpflanzenkulturen unter Glas und weltweit in Gewächshäusern verbreitet. Vielleicht tragen die Versuche in der Wilhelma dazu bei, die Bekämpfung durch natürliche Feinde wie die Schlupfwespe zukünftig effektiver einsetzen zu können.

Gänsegeier – vom Sinn eines nackten Halses Der Gänsegeier *(Gyps fulvus)* gehört zu den Altweltgeiern, ist aber in Mittel- und Westeuropa verschwunden; lange ernährte er sich von dem, was Bär und Wolf ihm übrig ließen. In der traditionellen Viehhaltung mit Weidewirtschaft fand er selbst in unseren Kulturlandschaften noch genügend verendete Tiere. Durch die rechtzeitige Beseitigung von Tierkadavern auf abgelegenen Weiden verhinderte er die Ausbreitung von Tierkrankheiten in bäuerlichen Beständen; mit dem Einzug der industrialisierten Tierhaltung verschwand er jedoch weit gehend – da die Nutztiere in überdachten Stallungen untergebracht sind, kann der Gänsegeier sie aus großer Höhe nicht mehr entdecken.
Gänsegeier sind zwar mächtige Vögel mit einer Flügelspannweite bis 250 Zentimeter, jagen aber niemals selber – sie ernähren sich ausschließlich von Aas. Da sie bevorzugt die weichen Innereien fressen, ist der nackte, federlose Hals von Vorteil: Nicht nur, dass dadurch weniger Blut und Eingeweide an ihm haften bleiben, Federn könnten auch beim plötzlichen Zurückziehen des Halses widerhakenartig hängen bleiben oder abbrechen. In der Wilhelma werden die Geier vorwiegend mit totem Geflügel gefüttert.
Zwar ist der Gänsegeier auch heute noch von Nordafrika über die Iberische Halbinsel bis nach Indien verbreitet, seine Bestände weisen aber aus den genannten Gründen große Lücken auf. Eine Wiederansiedlung in den Alpen wird jedoch seit mehreren Jahren betrieben, die Wilhelma beteiligt sich an den entsprechenden Aufzuchtprogrammen und stellt ihre nachgezüchteten Jungtiere für Auswilderungen zur Verfügung.

Geparde – vor langer Zeit fast ausgestorben Der Gepard (*Acinonyx jubatus*) ist, wie wahrscheinlich jedes Kind weiß, das schnellste Säugetier der Welt. In kurzen Sprints wird er bis zu 120 Kilometer pro Stunde schnell, sein ganzer Körper ist aerodynamisch ausgerichtet – auch sein Kopf ist sehr viel kleiner als der anderer Großkatzen. Beim schnellen Lauf hilft dem Gepard auch sein langer Schwanz, mit dem er das Gleichgewicht hält, und seine Krallen, die sich nicht ganz einziehen lassen, was zu einer erhöhten Trittsicherheit führt.
In Afrika leben etwa 10 000 bis 20 000 Geparde, die von ihrem Erbgut her alle sehr ähnlich sind. Sie sind genetisch viel enger verwandt, als das bei anderen Säugetieren untereinander der Fall ist. Dieses Phänomen rührt wahrscheinlich daher, dass nur einige Geparde die letzte Eiszeit überlebten, so dass alle heute lebenden Tiere von wenigen Individuen abstammen. Allerdings kann sich die Art daher nur schwer auf veränderte Umweltbedingungen anpassen und es kommt oft zu Inzuchterscheinungen wie zum Beispiel Unfruchtbarkeit – vielleicht mit ein Grund, dass Zuchterfolge in Zoos sehr selten sind.
Bereits im Mittelalter kamen die ersten Geparde nach Europa, die hier zur Jagd abgerichtet wurden. Auch Friedrich II. war ein Freund des so genannten »Jagdleoparden« – hiermit waren mit großer Wahrscheinlichkeit Geparde gemeint, denn von Leoparden ist bekannt, das sie sich zwar zähmen, aber kaum zur Jagd verwenden lassen.

Gibbons und die historische Wilhelma Ein besonders eigentümliches Gehege bewohnen die Weißhand-Gibbons – aus Sicht der Besucher ist zunächst nicht zu verstehen, warum ihnen der Zoo nur ein großes, kahles Gestänge anbietet. Gibbons leben in den Gipfeln der Wälder Ostasiens, wo sie normalerweise nie auf den Boden kommen, sondern sich in bis zu zwölf Meter weiten Sprüngen von Ast zu Ast fortbewegen. Das Schlagwort von der »affenartigen Geschwindigkeit« ist hier wohl angebracht – Gibbons bewegen sich derartig schnell durch die Lüfte, dass sie gelegentlich einen Vogel im Flug erhaschen, der dann eine willkommene Bereicherung des Speiseplanes darstellt. An diese

artistische Lebensweise ist ihre Gehegeeinrichtung in der Wilhelma hervorragend angepasst: Die an Seilen aufgehängten, federnden Holme bieten aus klettertechnischer Sicht einen vollwertigen Ersatz für das Kronendach des Regenwaldes.
Auffällig sind die Gesänge der Gibbons, die der Reviermarkierung dienen – auch in der Wilhelma kann man sie in den Morgen- und Abendstunden hören.
Von der oberen Plattform vor dem Gibbon-Gehege hat man übrigens einen sehr schönen Überblick über das Gelände der historischen Wilhelma; von dort kann man sich die ursprüngliche Anlage sehr gut vor das geistige Auge rufen. Von den Gibbons geht es anschließend bergauf nach »Afrika« und in die neuen, später hinzu gekommenen Bereiche der modernen Wilhelma.

Ginkgos – lebende Fossilien Wenn wir am Haupteingang den Weg neben den Gewächshäusern wählen oder den Wintergarten durch den Seitenausgang kurz verlassen, sehen wir vor der Flamingoanlage zwei prächtige Exemplare des Ginkgos oder Tempelbaumes, lateinisch *Ginkgo biloba* – »bi-loba« bedeutet »zwei-lappig« und bezieht sich auf die Form der geteilten Blätter. *Ginkgo biloba* ist der einzige heute noch anzutreffende Vertreter der Familie der Ginkgogewächse (*Ginkgoceae*), die vor rund 200 Millionen Jahren weltweit verbreitet war. In Europa starben die Ginkgos schon vor der Eiszeit aus.
Zur Zeit Wilhelms I. war diese Pflanzenart in Europa daher noch eine seltene Rarität, in Ost-Asien wurden die Bäume jedoch seit vielen Jahrhunderten als Tempelbäume angepflanzt und verehrt. 1727 kamen die ersten Exemplare von Japan wieder nach Europa. Heute findet man sie auch in Deutschland öfter in Parks und öffentlichen Anlagen, da sie sehr robust gegen Luftverschmutzung sind und daher gern angepflanzt werden. Besonders bekannt für ihre Robustheit wurde die Art im Frühjahr 1946, als an einem verdorrten Ginkgo in Hiroshima, nur 800 Meter entfernt vom Epizentrum der Atombombenexplosion, ein frischer Trieb aus dem verkohlten Wurzelstock trieb.

Ungewöhnlich sind die beiden Ginkgos der Wilhema jedoch auch heute noch, da sie – wie der Großteil des Baumbestands der Wilhelma aus der Zeit der ursprünglichen Parkanlage des königlichen »Badhauses« stammen und somit rund 150 Jahre alt sind.
Ginkgos sind so genannte »lebende Fossilien« – man kennt über 130 Millionen Jahre alte Versteinerungen von Ginkgo-Blättern aus dem Jura (also aus Zeiten, zu denen noch die Dinosaurier die Welt beherrschten), die den Blättern von heute verblüffend ähnlich sind. Die Baumgattung Ginkgo hat sich über diesen gewaltigen Zeitraum fast nicht verändert. Als solch alte Gattung ist sie daher kaum verwandt mit unseren Laubbäumen, auch wenn Ginkgos unseren heimischen Laubbäumen von Ferne ähnlich sehen und ihre Blätter wie diese im Herbst abwerfen. Sie sind vielmehr Nacktsamer und entfernte Verwandte der Nadelbäume, die evolutionsbiologisch sehr viel älter sind als die Laubbäume. Dies kann man noch heute an den Ginkgo-Blättern erkennen, die keine verzweigten Blattadern, sondern mehr oder weniger parallel ausgebildete Gefäße zeigen – ähnlich der Form, wie man sie in den Nadelblättern unserer heutigen Nadelbäume findet.

GINKGO FÜRS GEHIRN – UND VORZUGSWEISE MÄNNLICH Alkoholische Auszüge aus Ginkgo-Blättern werden in der Erfahrungsheilkunde zur Gefäßerweiterung und Durchblutungssteigerung angewendet, wobei sich besonders bei älteren Menschen die Durchblutung im Hirnbereich positiv bemerkbar machen soll. Pharmakologisch kann dieses auf gewisse Inhaltsstoffe wie Flavonglykoside und Procyanidine zurückgeführt werden. Unseriös ist allerdings die manchmal in Kleinanzeigen geübte Verknüpfung mit der Herkunft des Ginkgos aus uralten Zeiten – die Überlebensfähigkeit einer Pflanzengattung während Jahrmillionen der Evolution ist sicher nicht einfach übertragbar auf das Leben eines einzelnen Individuums, dazu noch eines Säugetiers wie den Menschen. Wie erwähnt, findet man Ginkgo-Bäume heute relativ oft in Parkanlagen, da sie robust gegen Umweltverschmutzung sind, deshalb gut mit den heutigen Bedingungen zurecht kommen und daher gern angepflanzt werden. Allerdings werden in öffentlichen An-

lagen praktisch nur männliche Ginkgos gepflanzt – Diskriminierung weiblicher Pflanzen?
Zunächst muss man wissen, dass Ginkgos »zweihäusig« sind. Weibliche und männliche Blüten wachsen auf verschiedenen Bäumen, wie bei zahlreichen ursprünglichen – aber auch »modernen« – Pflanzen üblich. Zur Reifezeit schwillt an den weiblichen Bäumen rund um die Samen deren Schale. Die Samen sind botanisch trotzdem keine Früchte, Ginkgos gehören ja wie die Nadelhölzer zu den Nacktsamern, was bedeutet, dass die Samen nicht in Früchte eingeschlossen sind – im Gegensatz dazu entsteht ein Apfel aus dem anschwellenden Fruchtknoten, in den die Samen bei den »neumodischeren« Bedecktsamern eingeschlossen sind. Diese erwähnte geschwollene Samenschale verbreitet nun einen Geruch nach Butter- und Capronsäure. Buttersäure kennt jeder – das ist der »Duft«, der sich ausbreitet, wenn sich nach dem Sport in der Umkleidekabine viele Menschen gleichzeitig die Sportschuhe ausziehen. Und Capronsäure erinnert an eine Mischung aus Ziegen- und Katzenkot ...
Da man tunlichst vermeiden möchte, dass derartige »Duftschwaden« durch den Park ziehen, bemüht man sich heute verständlicherweise überall darum, ausschließlich männliche Pflanzen in Parkanlagen zu setzen.

Gorillas – die schwersten Primaten Gorillas (*Gorilla gorilla*) sind die größten und schwersten Primaten, als Rekord gelten für Männchen 260 Kilogramm Gewicht und zwei Meter Standhöhe. Insbesondere die »Silberrücken« (Männchen im »reifen« Alter, deren Rückenfell sich grausilber färbt) üben auf Menschen seit ihrer Entdeckung 1847 einen besonderen Reiz aus. Trotz ihrer Größe und Kraft stellen sie als Vegetarier für andere Tiere keine Gefahr dar, haben aber auch selbst keine natürlichen Feinde. Lediglich Leoparden erbeuten gelegentlich einen jungen Gorilla. Erst mit dem Auftauchen des Menschen mit modernen Waffen gingen die Gorilla-Populationen deutlich zurück.

GORILLAS IM KOCHTOPF Besonders bedroht werden die Gorilla-Populationen in neuerer Zeit auch durch den Handel mit Wildtierfleisch in Zentralafrika: Holzkonzerne, viele davon aus Europa, befördern auf ihren Fahrzeugen (auf Straßen, die mit europäischen Geldern gebaut werden) auch Wilderer, die dadurch tief in die letzten bisher intakten Waldgebiete eindringen können – und dadurch der Jagd auf Gorillas eine neue, erschreckende Dimension geben. Dargestellt wurde diese Bedrohung unter anderem in einer Wanderausstellung »Gorillas im Kochtopf«, die in der Wilhelma konzipiert und gezeigt wurde – und hier mit 56 000 gesammelten Unterschriften einen großen Anteil an einer Petition gegen Wildtierfleisch-Handel zustande brachte: 1,9 Millionen gesammelte Unterschriften, davon insgesamt 300 000 aus allen deutschen Zoos, brachten das Europäische Parlament dazu, im Januar 2004 eine Resolution gegen den Handel mit Wildtierfleisch zu unterzeichnen, für deren Umsetzung jetzt die EU-Kommission gefordert ist.

GORILLA GORILLA GORILLA Drei Gorilla-Unterarten leben im tropischen Afrika nördlich des Kongo-Flusses. Am weitesten verbreitet ist der Flachland-Gorilla (*Gorilla gorilla gorilla*), der auch in der Wilhelma zu sehen ist. Im Ostkongo kommt der Östliche Flachlandgorilla oder Grauergorilla (*G. gorilla graueri*, benannt nach seinem Entdecker) vor. Der Berg-Gorilla (*G. gorilla beringei*) lebt nur auf den Virunga-Vulkanen zwischen Kongo, Ruanda und Uganda und im undurchdringlichen ugandischen »Impenetrable Forest«. Berühmt wurde er spätestens durch den Film »Gorillas im Nebel«.

Anführer der Gorilla-Gruppe ist jeweils ein älteres Männchen, das keine Nebenbuhler neben sich duldet – selbst die eigenen Söhne müssen die Gruppe mit Erreichen der Geschlechtsreife verlassen. Da die Silberrücken auch keine Menschen in ihrem Revier akzeptieren können, ziehen sie sich im Sinne eines Gentlemen's Agreement freiwillig in ihre Schlafboxen zurück, um unter »Gesichtswahrung« den Zutritt der Pfleger zu ihren Gehegen zu ermöglichen.

Geweihartige Zähne: der Hirscheber Der Hirscheber oder Babirusa (*Babyrousa babyrussa*) nimmt unter den Schweinen eine Sonderstellung ein, seine genaue systematische Stellung ist noch nicht geklärt. Vermutlich ist er enger mit den Flusspferden verwandt. Auffällig ist sein bizarres Aussehen: Bei den Männchen wachsen die oberen Eckzähne durch die Decke der Rüsselschnauze und bilden zusammen mit den unteren Eckzähnen, die seitlich aus dem Maul herauswachsen, eine Art bizarres »Geweih«. Eine Funktion dieser enorm verlängerten Zähne ist nicht zu erkennen, vermutlich zeichnen sie ihren Träger als eine Art Rang- oder Statussymbol aus.
In seiner Heimat Indonesien ist der Hirscheber mit einer Population von nur noch rund 4000 Tieren stark bedroht, einerseits wegen der Umwandlung seines ohnehin begrenzten Lebensraums in landwirtschaftliche Nutzflächen, anderseits aber auch seines Fleisches wegen – zwar steht die wild lebende Art unter Schutz, wird aber trotzdem bejagt, da sich gefangene Tiere im Allgemeinen nicht vermehren. Die wenigen Zoos, die Hirscheber halten, versuchen daher, durch ein wissenschaftlich betreutes Erhaltungszuchtprogramm für Nachwuchs zu sorgen. Die Wilhelma hat hierbei die Koordination übernommen und führt das Internationale Zuchtbuch für den Hirscheber.

Europäischer Hummer Der Europäische Hummer (*Homarus gammarus*) bewohnt die Atlantikküsten von Norwegen bis Portugal und Marokko, die Nordsee und das Mittelmeer; in der Wilhelma finden wir ihn gleich am Eingang in den Kaltwasserbecken, in denen wir auch viele unserer Speisefische wiederfinden. Bei vielen Arten der Zehnfußkrebse sind die Scheren am ersten Beinpaar größer als die der folgenden Beinpaare, doch bei keinem Krebs sind sie so prächtig entwickelt wie beim Hummer.
Man unterscheidet eine schmalere »Schneideschere« mit vielen kleinen, spitzen Zähnchen und eine größere »Knackschere« mit wenigen dicken, stumpfen Zähnen. Auch die beiden folgenden Schreitbeinpaare tragen noch kleine Scheren, die beiden letzten Paare dann nicht mehr.

Da der dicke Panzer des Hummers nicht mitwächst, muss sich das Tier häuten, wenn es größer wird. Dies tut es im ersten Lebensjahr rund zehnmal, im zweiten drei- bis viermal, im vierten noch zweimal. Danach erneuert es den Panzer nur noch einmal im Jahr, später noch seltener. Insgesamt kann der Hummer ein Alter von über 50 Jahren erreichen – sofern er nicht gefangen und gekocht wird, wobei sich sein blauer Panzer dann rot färbt.

Insektarium – eigentlich ein »Arthropodarium« ... Das »Insektarium« der Wilhelma trägt seinen Namen nicht ganz zu Recht – streng genommen ist es ein »Arthropodarium«: Neben den Insekten finden sich hier auch Vertreter anderer Gliederfüßer (Arthropoden) wie Tausendfüßer, Spinnen, Milben, Asseln und Krebstiere. Aber natürlich sind die meisten Bewohner des Hauses Insekten – wie übrigens auch der ganzen Welt. Rund drei Viertel aller bekannten Tierarten der Erde sind Insekten, rein zahlenmäßig sind sie allen anderen Lebewesen (bis auf die Einzeller) weit überlegen. Durch ihre Anpassungsfähigkeit kommen sie in allen Lebensräumen der Erde vor, in Wüsten wie in Polargebieten, in Salzlaken wie in Petroleumpfützen. 150 Millionen Jahre beherrschten sie alleine die Lüfte, bis ihnen in der Jurazeit Flugechsen Gesellschaft leisteten.
Durch ihre weite und lange Verbreitung sind Insekten mit fast allen Bereichen auch des menschlichen Lebens verwoben: Sie bestäuben unsere Nutzpflanzen und vertilgen unsere Ernten, sie halten biologische Kreisläufe am Leben und übertragen zahllose Krankheiten. Mit dieser Allgegenwärtigkeit wie mit ihrer schieren Zahl haben sie es sich sicher verdient, in der Wilhelma in einem eigenen Haus gewürdigt zu werden.

Jaguar und Leopard Der in der Wilhelma lebende Schwarze Jaguar ist eine Variante des normalen Jaguars (*Panthera onca*) – allerdings kein Schwarzer Panther: So nennt man den schwarz gefärbten Leoparden (*Panthera pardus*). Beide sehen besonders furchteinflößend aus – dies liegt aber nur an der uns unheimlich erscheinenden Färbung, die Tiere sind nicht gefährlicher als ihre normal gefärbten Verwandten. Allerdings ist mit ihnen natürlich auch nicht zu spaßen – so verlor der Wilhelma-Tierarzt ein Fingerglied, als der Leopard bei einer Zahnoperation zu früh und unerwartet aus der Narkose erwachte ...

Japanmakaken – die buddhistischen »Drei Affen« In einem Gehege der Felsenanlagen auf halbem Weg zwischen historischer und »neuer« Wilhelma leben Japan- oder Rotgesichtsmakaken. Sie wurden berühmt als Vorbild für die drei weisen Affen des Buddhismus (»Böses nicht sehen, nicht hören, nicht sagen« – der erste hält sich die Augen zu, der zweite die Ohren, der dritte den Mund). Japanmakaken leben, wie der Name schon sagt, auf den japanischen Inseln, wo es im Winter des öfteren schneit – außer dem Menschen sind sie diejenigen Primaten, die am weitesten nördlich leben. In ihrer Heimat haben sie gelernt, dass es sich in der Nähe heißer Quellen im Winter gemütlicher lebt – bei Kälte sitzen sie dann auch gern im warmen Wasser, was für die sonst wasserscheuen Affen ungewöhnlich ist. Auch in ihrem Gehege in der Wilhelma sind sie das ganze Jahr draußen, statt mit heißen Quellen müssen sie hier allerdings mit dem wilhelmaüblichen Mineralwasser vorlieb nehmen.

Jungtieraufzuchthaus – Affen-Resozialisierung Am Rande des Maurischen Gartens und dessen Längsachse folgend, sehen wir halb rechts das Jungtieraufzuchthaus, eine einzigartige Einrichtung in zoologischen Gärten.

Die jungen Affen, die im Jungtieraufzuchthaus aufgezogen werden, sind dort keineswegs untergebracht, um die Schaulust der Besucher zu befriedigen oder eine besondere Attraktion zu schaffen – was sie zweifelsohne trotzdem sind. Es handelt sich um Jungtiere aus allen europäischen Zoos, die von ihren Müttern nach der Geburt nicht angenommen wurden, deren Mütter die Geburt nicht überlebt haben

oder die in ihren Gruppen durch neue Männchen bedroht wurden. Seit der Gründung des Jungtieraufzuchthauses im Jahr 1982 sind mehr als 40 Menschenaffen (Gorillas, Schimpansen, Bonobos und Orang-Utans) in der Wilhelma aufgezogen und anschließend auf andere Zoos in ganz Europa verteilt worden.

Das Sozialverhalten der Menschenaffen ist so komplex, dass nicht alle Verhaltensweisen angeboren sind. Lernen junge Affenweibchen die richtige Aufzucht und Pflege kleiner Affen nicht in ihrer Gruppe kennen, wissen sie oft nicht genau, was sie mit ihren eigenen Kindern machen müssen. In diesen Fällen bleibt nichts anderes übrig, als die kleinen Affenkinder mit der Flasche aufzuziehen, was hier im Jungtierhaus durch Pflegerinnen geschieht. Da die Affenhaltung in der Wilhelma für ihre Qualität berühmt ist, werden kleine Affen aus ganz Europa nach Stuttgart gebracht, um dann hier »resozialisiert« zu werden. Bezeichnend ist, dass viele Affen, die in der Wilhelma den richtigen Umgang in der Gruppe gelernt haben, hinterher keine Probleme bei der Aufzucht des eigenen Nachwuchses zeigten.

Die jungen Affen werden übrigens mit Babymilch-Trockenpulver für menschliche Babys aufgezogen, da diese Nahrung die optimal ausgewogene Zusammensetzung bietet.

MENDELS REGELN UND DIE MÄUSE Mit den Mäusen, schwarzen und weißen, die sich im Jungtieraufzuchthaus tummeln, hat es eine besondere Bewandtnis: Sie demonstrieren die »Mendelschen Regeln«, in denen erstmals die Grundzüge der Vererbungslehre beschrieben wurden.

Die Vorstellungen über die Vererbung und ihre Grundlagen waren trotz ihrer Bedeutung für die Tier- und Pflanzenzucht wie für den Menschen selbst bis ins späte 19. Jahrhundert nur sehr vage. Grundlegende Erkenntnisse von den zahlenmäßigen Gesetzen der Weitergabe einzelner Erbanlagen formulierte erstmals 1865 der Augustinermönch Gregor Mendel in seinem berühmten Vortrag »Versuche über Pflanzenhybride«, der 1866 in den »Verhandlungen des Naturforschenden Vereins in Brünn für das Jahr 1865« veröffentlicht wurde. Mendel, 1843 wohl eher aus finanziellen denn aus religiösen Gründen in das Augustinerkloster St. Martin eingetreten, begann 1851 nach einer misslungenen Lehramtsprüfung an der Universität Wien ein Studium der Naturwissenschaften. Er beschäftigte sich dabei mit »Demonstrativer Experimental-Physik« bei Professor Christian Doppler (bekannt durch den nach ihm benannten Doppler-Effekt), Zoologie, Botanik, Paläontologie, Chemie, Mathematik sowie Anatomie und Physiologie der Pflanzen.

BIOLOGISCHE EXPERIMENTE MIT ERBSEN Bereits 1854 begann Mendel im Klostergarten mit Kreuzungsexperimenten an der Gartenerbse (*Pisum sativum*). Er betrachtete dabei Merkmale der Erbsenpflanzen oder -samen, die sich klar unterscheiden ließen, beispielsweise rot und weiß blühende Erbsen oder solche mit gelben und grünen Samen. Die Kreuzungstechnik, bei der er Pollen von Erbsen der einen Rasse auf die Narben von Erbsen der anderen Rasse brachte, war nicht neu. Neu war, dass er eine große Anzahl von Pflänzchen untersuchte und so gesicherte Ergebnisse von der Aufspaltung der Merkmale und ihrer Anlagen erhielt. Und neu waren vor allem die Schlüsse, die er aus diesen Ergebnissen zog.

Da man zu Mendels Zeit den Zusammenhang zwischen der Vererbung und den Chromosomen (bzw. der DNS oder dem Erbgut) noch nicht kannte, wurden seine bahnbrechenden Ergebnisse von anderen Forschern vorerst gar nicht beachtet. Erst im Jahr 1900, immerhin 16 Jahre nach seinem Tod, wurde Mendels Errungenschaft von Biologen unabhängig voneinander wieder entdeckt, bestätigt und allgemein bekannt gemacht.

Rückblickend vermutet man, dass Mendel seine Versuche nicht so durchgeführt hat, wie er es in seiner Abhandlung 1865 beschrieben hat. Die Experimente wären zu zahlreich gewesen, um sie durchführen zu können, darüber hinaus verleiten seine statistisch gesehen »zu genauen« Ergebnisse zu der Annahme, dass er diejenigen Daten, die nicht genau zu seinen Ergebnissen passten, einfach weggelassen hat.

Diese wissenschaftlichen Schönheitsfehler schmälern aber keineswegs die Bedeutung seiner Resultate.

GENERATION F1 UND F2: WEISS UND SCHWARZ Aus seinen Untersuchungen leiteten Mendel und die nachfolgenden Forscher die Vererbungsregeln ab, die noch heute die »Mendelschen« heißen: Kreuzt man zwei reinerbige Individuen einer Art, die sich in einem Merkmal unterscheiden, so sind alle entstehenden Mischlinge (die so genannte F1-Generation) bezüglich dieses Merkmals gleich. In den Körperzellen liegen alle Chromosomen doppelt vor, wobei eines vom väterlichen und eines vom mütterlichen Elterteil stammt. Das beherrschende, dominante Gen bestimmt dabei das Merkmal, bei den Mäusen zum Beispiel die schwarze Farbe, während das fehlerhafte Gen nur zu weißen Mäusen führt, wenn diese reinerbig in Bezug auf die Farbe sind, also keine Gene für schwarzes Fell tragen.

Kreuzt man die Mischlinge der F1-Generation unter sich, so spalten sich in der Enkelgeneration (F2) die Merkmale im Zahlenverhältnis 1 : 2 : 1 (reinerbig schwarz : mischerbig schwarz : reinerbig weiß) oder rein äußerlich 3 : 1 (schwarz : weiß) wieder auf. 1903 wurde dann in einer Kombination dieser Kreuzungsforschung und neuen Erkenntnissen der Zellbiologie die Chromosomentheorie der Vererbung formuliert.

Kängurus – hinter niedrigen Zäunen? Gehen wir an der Wilhelma-Gaststätte vorbei Richtung Ausgang (sofern man nicht die gastronomischen Einrichtungen für ihren bestimmungsgemäßen Zweck in Anspruch nehmen will), so finden wir am Rande der Freifluganlage Rote Riesenkängurus.

Vor etwa zwei Millionen Jahren teilte sich der Superkontinent Pangäa in zwei Teile: einerseits in Laurasia mit dem heutigen Nordamerika, Europa und Asien, anderseits in Gondwanaland mit Südamerika, Afrika, Indien, die Antarktis und Australien. Vor 80 Millionen Jahren lösten sich Australien und die Antarktis von Gondwanaland – da es damals bis auf einige Fledermausarten noch keine Säugetiere gab, konnte sich dort in den folgenden Jahrmillionen eine völlig un-

abhängige, eigene Fauna entwickeln, die nicht mit den erfolgreichen Säugetieren konkurrieren musste – alle anderen Erdteile standen zumindest zeitweise über Landbrücken miteinander in Verbindung. In Australien entstanden so die Beuteltiere, Erfolgsmodelle wie Känguru, Koala, Beutelteufel und Schnabeligel, die die Rollen einnahmen, die in der restlichen Welt von Säugetieren gespielt wurde – die allerdings unterlagen, sobald diese Säugetiere in ihrem Lebensraum auftauchten und dieselbe ökologische Nische besetzten. So starb der Beutelwolf in den 1930er Jahren aus, nachdem der Mensch die ersten Hunde nach Australien und Tasmanien brachte.
In der Wilhelma ist das Rote Riesenkänguru zu Hause, die größte aller heute lebenden Beuteltierarten; sie vertritt in Australien die grasfressenden Großsäuger anderer Kontinente wie Hirsche, Büffel, Antilopen oder Zebras. Riesenkängurus erreichen eine Sprunghöhe von drei und eine Weite von neun Metern – umso erstaunlicher, dass sie in der Wilhelma hinter einem doch bescheidenen Zaun leben! Dies ist ein weiteres Argument gegen die manchmal vertretene Auffassung, im Zoo lebten die Tiere in Gefangenschaft: Sie wissen vielmehr die Vorzüge eines regelmäßigen Nahrungsangebotes und den Schutz vor Feinden oder Konkurrenten sehr wohl zu schätzen und würden jeden Besucher angreifen, der es seinerseits wagt, in ihr Wilhelma-Gehege einzudringen.

Die Kamelie und der Tee Im Februar, wenn die Blüte der Kamelien das Gewächshaus am Rande der Flamingowiese in ein weißes, rosa und rotes Blütenmeer verwandelt, weht ein Hauch vergangener Zeiten durch die Wilhelma. Das Sammeln von Kamelien war zu Zeiten Wilhelms I. eine Leidenschaft der gehobenen Stände. Bereits im 18. Jahrhundert züchteten Gärtner am sächsischen Hof Kamelien, die ersten Pflanzen kamen 1731 nach Europa. Die Kamelie ist wie nur wenige Blumen mit dem Geschmack des 19. Jahrhunderts verbunden. Durch die von Alexandre Dumas in seinem Roman »Die Kameliendame« verklärte Kurtisane Marie Duplessis wurde die Kamelie weltberühmt und zum Synonym für Eleganz und Kultiviertheit. Ihre lateinische Bezeichnung *Camellia japonica* erhielt die Pflanze 1735. Der Namenspatron Georg Joseph Kamel, 1661 in Brünn geboren, hatte als Apotheker und Jesuitenpater in Manila gearbeitet und war Verfasser eines Werkes über die Flora der Philippinen-Insel Luzon. Um den 1706 verstorbenen Pater zu ehren, benannte Linné die Gattung nach ihm – dabei hatte Kamel die Kamelie niemals beschrieben und wahrscheinlich sogar nie gesehen.

Den Tee sollte Kamel allerdings gekannt haben, da es zu seiner Zeit bereits viele Chinesen auf Luzon gab – Beschreibungen von 1692 erwähnen Teehäuser auf Java und in Batavia, also wohl auch auf Luzon. Der Teestrauch ist ein enger Verwandter der Kamelie, er wurde von Linné zunächst als *Thea sinensis* eingeführt. Da in der Diskussion über die sehr nahe Verwandtschaft der beiden Gattungen *Camellia* und *Thea* 1818 vorgeschlagen wurde, beide unter *Camellia* zusammen zu fassen, heißt der Tee heute *Camellia sinensis*, beide gehören (ausgleichende Gerechtigkeit?) zur Familie der Teestrauchgewächse (*Theaceae*).

Viele der Wilhelma-Exemplare, die übrigens nach den Eisheiligen aus ihren Gewächshäusern ins Freie gebracht werden und Platz für die Fuchsien machen, sind heute über 150 Jahre alt.

Das Kleinsäugerhaus In einem Seitenbau, erreichbar über den ehemaligen Wintergarten, findet man das Kleinsäuger- und Vogelhaus. Neben einer Auswahl von Kleinvögeln aus aller Welt leben hier Säuger, vornehmlich aus Südamerika – wer keine rattenartigen Tiere mag, sollte diesen Bereich vielleicht lieber meiden ...

GUNDI – EINE EIGENE FAMILIE Die Gundis gehören zu den Meerschweinchenverwandten, unterscheiden sich von diesen aber so stark, dass sie mit vier Gattungen eine eigene Familie bilden: die Kammfinger oder *Ctenodactylidae*. In der Wilhelma lebt der eigentliche Gundi (*Ctenodactylus gundi*), der aus dem Atlas-Gebirge im nordwestlichen Afrika stammt. Ihren Namen hat die Familie von hornigen Kämmen an den inneren Zehen der Hinterfüße, die der Fellpflege, aber auch der sicheren Fortbewegung auf steinigem Untergrund dienen.

TANREK – GRÖSSTER FAMILIENWURF ALLER SÄUGER Die meisten der bekannten Tanrekarten leben auf Madagaskar, so auch der in der Wilhelma gehaltene Große Tanrek (*Tenrec ecaudatus*). Wie sein Name schon sagt, handelt es sich um den größten Vertreter seiner Familie. Vergleichbar unserem europäischen Igel, wühlt er im Boden nach Schnecken, Würmern und Insekten, aber auch Eier, kleine Reptilien sowie Früchte und Wurzeln gehören zu seinem Speiseplan. Außergewöhnlich ist der für Säugetiere große Wurf, der im Durchschnitt 12 bis 16 Junge beträgt. Den bekannten Rekord für Säuger hält ein Tanrek-Weibchen mit über 40 Jungen, der größte bisherige Wurf in der Wilhelma betrug immerhin stolze 28 Nachkommen auf einmal!

SPITZHÖRNCHEN – GENAU HINSEHEN! Zwischen all den ähnlich rattenartigen Tieren verdient das Spitzhörnchen oder Tupaja einen besonderen Moment der Aufmerksamkeit: An der Basis der Säugetiere stehend, systematisch zwischen Insektenfressern und Halbaffen angesiedelt, geben sie wohl heute noch ein ungefähres Bild unserer ältesten Vorfahren – so ungefähr muss man sich die ersten Vertreter vorstellen, die vor 80 Millionen Jahren antraten, die Nachfolge der Dinosaurier zu übernehmen, eine »Stabübergabe«, die schließlich in der Entwicklung des Menschen gipfelte (wenn man es denn so betrachten möchte ...).

Koi-Karpfen – Fische als Geldanlage Im Wasserbecken des Wintergartens und natürlich im Aquarium sehen wir prächtig gefärbte Karpfen, überdimensionalen Goldfischen ähnelnd. Ursprünglich stammen diese Fische aus Asien, die Züchtung von Kois hat dort eine rund 500-jährige Tradition. Für die einzelnen Farben und deren Kombination gibt es jeweils verschiedene Bezeichnungen. Diese gliedern sich in 16 Oberbegriffe und rund 1000 Einzelformen. In Japan beliebte Farbmuster sind der rot-weiße *Kohaku* oder der schwarz-weiße *Bekko*.

Der weiße Koi mit einem roten Punkt auf dem Kopf (*Tancho*) gilt als Symbol der aufgehenden Sonne und ist in Japan der Farbfavorit.
Ein Koi laicht nach der Paarung rund drei Millionen Eier, von denen der erfahrene Züchter jeweils 30 bis 40 Exemplare für die Zucht in die engere Wahl nimmt. So ist es nicht verwunderlich, dass für ausgewählte Kois mit speziellen Mustern Preise von einigen tausend oder gar zehntausend Euro bezahlt werden, für einen *Tancho* auch hunderttausend – ein Hobby für wohlhabende Menschen, die ihren Gartenteich vor neugierigen Katzen und Graureihern schützen sollten. Noch wohlhabender als die Sammler sind natürlich die Züchter erlesener Kois.
Eine kostengünstige Koi-Variante, der hierzulande gezüchtete, so genannte »Euro-Koi«, ist allerdings bereits für weniger als 20 Euro zu erhalten. Es handelt sich hierbei um europäische Nachzuchten japanischer Kois. Nach Meinung renommierter Züchter kommt die Qualität dieser Kois allerdings nicht annähernd an die Traditionszucht der Japaner heran ... In diesem Zusammenhang ist auch interessant, dass es bereits Züchtungen bzw. Kois ohne Schuppen gibt: der *Doitsu* verdankt seine Existenz einer Kreuzung mit dem deutschen Spiegelkarpfen.

Kugelfisch – begehrt und tödlich Kugelfische (*Tetraodontiae*) leben mit etwa 90 Arten überwiegend in tropischen Gewässern. Ihre Gestalt weicht beträchtlich von der gemeinhin bekannten Fischgestalt ab, auch Kopf und Augen sind meist recht groß. Die Zähne sind zu vier Zahnleisten verwachsen (der wissenschaftliche Name bedeutet »Vierzähner«) und bilden einen schnabelähnlichen Beiß-Apparat mit einem »Ober-« und einem »Unterschnabel« – im Wilhelma-Aquarium sehr schön zu sehen, wenn der Fisch an der großen Panoramascheibe in der Nähe des Ausgangs vorbeischwimmt.
Die lederartige, sehr widerstandsfähige Haut ist nackt; ihre Schuppen sind auf kurze Stacheln oder hörnchenartige Erhebungen reduziert. Bei einem plötzlichen Angriff oder Erschrecken bläht der Kugelfisch

seinen Körper auf – dazu presst er Wasser unter Druck in seinen Magen. Gleichzeitig richten sich die zu Stacheln umgebildeten Schuppen in der ansonsten nackten Haut auf. Dadurch wird das Verschlingen eines Kugelfisches nahezu unmöglich, der nun stachelige Ball bleibt selbst im Schlund eines großen Räubers stecken.

Interessant sind Kugelfische aber noch durch eine andere Verteidigungsform: Sie enthalten das hochgiftige Tetraodontoxin, eines der stärksten heute bekannten Gifte. Trotzdem gelten Kugelfische in Japan als Delikatesse, wobei das Kugelfischgericht (*Fugu*) nur von speziell ausgebildeten Köchen zubereitet werden darf. Diese müssen dazu über mehrere Jahre ein spezielles Diplom erwerben und trainieren, wie man die giftigen Innereien entfernt; werden diese dabei beschädigt, wird das gesamte Fleisch giftig. Vielleicht macht dieses Risiko den besonderen Kitzel des teuren Vergnügens aus – den allerdings zahlreiche Japaner alljährlich mit dem Leben bezahlen …

Löwen – der König der Tiere in Gefangenschaft? Oft werden die Großkatzen besonders bedauert, da sie nach Meinung vieler Besucher besonders unter der Haltung in Gefangenschaft zu leiden hätten. Dabei ist in die Betrachtung mit einzubeziehen, dass natürlich viele Verhaltensweisen im Zoo wegfallen, die in der Natur zum Alltag der Tiere gehören, aber nicht immer positiver Natur sind, man denke an Feindvermeidung, mühsame Nahrungssuche oder Rivalenkämpfe. Zu vermuten ist, dass auch zoogeborene Löwen (*Panthera leo*) gern ihrem Jagdtrieb nachgehen würden – ob sich allerdings ein gut gefütterter Löwe im Zoo mehr langweilt als einer, der in der Serengeti tagelang neben einem erlegten Gnu oder Zebra liegt, ist schon fast eine philosophische Frage.

Nicht zu unterschätzen ist zudem die Tatsache, dass praktisch alle heute in europäischen Zoos gehaltenen Großkatzen auch in Zoos geboren wurden – ob sie sich in freier Wildbahn wirklich wohler fühlen würden, darf bezweifelt werden: Die Wilhelma-Löwen zumindest drängen sich verängstigt in der hintersten Ecke, wenn der Elefantenpfleger auf seinem morgendlichen Spazierritt mit den großen, grauen, unbekannten Tieren an ihrem Gehege vorbei reitet ...

Mähnenwolf Gegenüber der südamerikanischen »Pampas« liegt das Gehege der Mähnenwölfe (*Chrysocyon brachyurus*) – auch wenn man ihn nur selten sieht, so riecht man ihn zumindest ... Trotz seines Namens ist der Mähnenwolf kein Wolf, sondern eher fuchsartig. Mit seinen auffallend langen Beinen behält er auch in seinem Lebensraum, der von hohem Gras bedeckten südamerikanischen Savanne, den Überblick. Da dieser Lebensraum durch die Ausdehnung landwirtschaftlicher Flächen zurückgeht, ist auch der Mähnenwolf bedroht.
Auffallend ist sein charakteristisch schaukelnder Gang. Mähnenwölfe sind Passgänger, was bedeutet, dass sie Vorder- und Hinterläufe auf einer Seite fast gleichzeitig nach vorn setzen – eine Gangart, die wir von Giraffen oder Elefanten, aber nicht von anderen Raubtieren kennen.

Mammutbäume: Die ältesten Lebewesen der Welt Der Mammutbaum oder die Wellingtonie (*Seqoiadendron giganteum*) aus der Familie der Sumpfzypressengewächse (*Taxodiaceae*) gehört mit einer Höhe bis zu 110 Metern zu den größten Bäumen der Erde. Noch erstaunlicher ist allerdings das Alter von 3 000 Jahren, das diese Pflanzen erreichen – und damit die ältesten Lebewesen der Welt stellen. Nicht zu verwechseln ist dieser »Altersrekord« beispielsweise mit dem der Ginkgos – ist es dort die Gattung, die seit Millionen Jahren existiert, so sind es bei den Mammutbäumen einzelne Individuen, die ein unvergleichlich hohes Alter erreichen.
Mammutbäume kommen heute wild lebend nur in der Sierra Nevada in Kalifornien vor und werden dort als Redwoods bezeichnet. Die Stämme mit einem Durchmesser von bis zu sechs Metern sind so gewaltig, dass durch einzelne, nach Blitzschlag gespaltene Exemplare ganze Omnibusse mit Touristen hindurchfahren können. Das dauerhafte Holz ist auch wirtschaftlich von Bedeutung und wird gern für Möbel und Bauzwecke, zum Beispiel Schwellen und Masten, eingesetzt.

MAMMUTBÄUME IN WÜRTTEMBERG Zwischen 1845 und 1865 wurde der Maurische Garten rund um das »Badhaus« mit zahlreichen, damals höchst exotischen Bäumen bepflanzt. Unter anderem fanden auch Mammutbäume aus Nordamerika hierher, die heute noch in der Wilhelma einen kleinen Mammutbaum-Wald unterhalb der neuen Anlage für Bären und Klettertiere bilden. Doch nicht nur in der Wilhelma finden sich diese Exoten, auch anderswo in württembergischen Wäldern begegnet man diesen riesigen Bäumen, so z.B. bei Leonberg dem Naturdenkmal »Zwei Wellingtonien«, im Welzheimer Wald oder in der Pforzheimer Gegend.
König Wilhelm I. von Württemberg hatte die Mammutbäume im ganzen Land versuchsweise anpflanzen lassen – nach einer Anekdote, weil man zu viele Setzlinge bestellt hatte: Aus einem 1864 ausgesäten »halben Pfund« Samen wurden schon bald 5000 Pflanzen, die zum großen Teil auf die Forstämter im Land verteilt wurden. Die eine Version behauptet, es handelte sich um ein Missverständnis. Da Mammutbäume – wie alle Nacktsamer – sehr kleine Samen haben, bekam man aus dem bestellten Samenpaket sehr viel mehr Setzlinge als geplant; da für so viele Bäume in den königlichen Gärten nicht genügend Fläche vorhanden war, wurden sie über die württembergischen Forstämter verteilt und von diesen hier und dort in den Wäldern angepflanzt. Wenn wir heute im Wald einer Mammutbaum-Gruppe begegnen, handelt es sich also womöglich um Bäume, die im königlichen Garten einfach keinen Platz mehr hatten. Eine andere Version spricht von einem Übersetzungsfehler zwischen dem deutschen »Pfund« und dem englischen »pound« – mit denselben Folgen ...

Der Maurische Garten Vom Haupteingang her durch die Gewächshäuser kommend und dem Rundgang folgend, treten wir in den Maurischen Garten – er war und ist das Herzstück der Wilhelma, hier lustwandelte der König, wenn er sich in seiner Wilhelma aufhielt, und hierhin fiel sein Blick aus dem maurischen Landhaus. Heute wird dieser Teil in seiner ursprünglichen Form erhalten – oder wieder dahin zurück geführt, wie die Entfernung des Seehund-Teiches und der Pinguin-Anlage vor einigen Jahren zeigten: Der Maurische Garten war nicht als Zoo, sondern als Park angelegt, und diesen Charakter soll er auch behalten.

»IN GOTT VERTRAUE ICH …« Wie bereits erwähnt, befahl Wilhelm die Errichtung seiner Anlage im maurischen Stil, der Alhambra im spanischen Granada nachempfunden. Heute wundern wir uns über goldene Halbmonde und orientalische Kuppeln mitten im württembergischen Cannstatt. Wenn man den Blick innerhalb des Rundgangs, der den Maurischen Garten umgibt, nach oben richtet, kann man sogar einen eingemeißelten arabischen Schriftzug finden: Wilhelm ließ auch seinen Wahlspruch »In Gott vertraue ich und handle treu« stilgemäß übersetzen und in arabischen Zeichen einmeißeln. Ganz konsequent war Wilhelm allerdings nicht in der Umsetzung des maurischen Stils: In korrektem Arabisch müsste die Anlage eigentlich »el Wilhelmie« heißen, ein Name, der Wilhelm nicht gefiel, so dass er auf »Wilhelma« als Namen bestand und diesen auch als offizielle Bezeichnung festschrieben ließ.

EUROPAS GRÖSSTER MAGNOLIENHAIN Rund um den Seerosenteich im Maurischen Garten blühen im April die Magnolien (benannt nach dem französischen Botaniker Pierre Magnol) – ein zauberhafter Anblick und mit über 70 Pflanzen die größte Magnolienanlage Europas. Die Tulpen- oder Garten-Magnolie (*Magnolia x soulangeana*) ist ein »Bastard«, eine Zuchtform, die aus verschiedenen Stammformen entstanden ist. Sie wurde erstmals 1826 in Frankreich beschrieben. Da sie im wintermilden Klima gedeiht und keine besonderen Ansprüche an den Boden stellt, ist sie die heute häufigste Magnolienform. Sie wurde schon in alten Gartenanlagen gern gepflanzt, einige der heute noch zu bewundernden Exemplare stammen noch aus Wilhelms Zeiten.

Die Stammformen der Magnolien waren ursprünglich auf der ganzen Nordhalbkugel verbreitet und sind heute nur noch in China, Japan und Nordamerika zu finden. Bei Magnolien handelt es sich um sehr ursprüngliche Vertreter der Blütenpflanzen; sie stehen entwicklungsgeschichtlich an der Basis der Früchte tragenden Bedecktsamer (Angiospermen), die – neben den Nacktsamern, Farnen und Moosen – den größten Teil der heutigen Flora bilden.

Magnolien sind mindestens seit der Kreidezeit bekannt; ihre ursprüngliche Bauweise mit einfach aufgebauten Blättern und großen, zwittrigen, wenig differenzierten Blüten haben sie bis heute beibehalten – ein Evolutionsstillstand, der als Stasigenese bezeichnet wird. Kennzeichnend für das hohe Alter ist auch die so genannte Paläopolyploidie, eine Vervielfachung des Chromosomensatzes, die Kreuzungen verschiedener Arten erleichtert – so konnte auch die Garten-Magnolie entstehen in dem Bemühen, einen europatauglichen, winterharten Gartenschmuck zu schaffen.

DER SEEROSENTEICH Der Seerosenteich in der Mitte des Maurischen Gartens ist zur Blütezeit ab Mai einer der schönsten und sicher der meist fotografierte Ort innerhalb der Wilhelma. Die bunte Mischung aus roten, blauen und weißen Seerosen, umgeben von blühendem Lotus und den riesenhaften Blättern der Victoria ergeben eine wundervolle Gesamtkomposition, gekrönt durch das darüber liegende maurische Landhaus.

Möglich wurde der Seerosenteich in der heute gezeigten Form erst mit Einführung einer Teich-Heizung – durch die Erwärmung des Wassers auf rund 30 Grad Celsius ist es möglich, hier tropische Pflanzen zu halten. Die Heizung wurde in den 1950er Jahren eingerichtet, Wilhelm hatte also keine Gelegenheit, diese Pracht zu bewundern.

Die Seerosen werden im Frühjahr frisch ausgesät und bilden dann innerhalb weniger Wochen dieses prächtige Schauspiel. Die »Bühne« bilden Vertreter der tropischen Gattung *Nymphea*, die in verschiedensten Farben und zu den unterschiedlichsten Tages- und Nachtzeiten blühen. Die Stars auf dieser Bühne dürfen dann Lotus und Victoria sein.

Lotus- oder Lotosblumen (*Nelumbo nucifera*) sind in Ostasien ein Sinnbild der Reinheit und Schönheit und haben dort eine tiefe verwurzelte mystische Bedeutung. So steht das »padme« im heiligen Mantra des

tibetischen Buddhismus (»om mani padme hum«) für den Lotus, welcher die Weisheit symbolisiert: Als einzige Seerose erhebt die Lotusblume ihre Blätter meterhoch aus dem Schlamm, so dass ihre Schönheit nicht vom Schmutz getrübt wird.

Die Victoria stammt, wie ihr heutiger Artname *amazonica* anzeigt (früher wurde sie zu Ehren der britischen Königin *Victoria regia* genannt), aus Südamerika. 1801 zuerst beschrieben, gelangte sie schon 1851 als Geschenk eines württembergischen Landpfarrers in die königliche Wilhelma. Auch ihre riesenhaften Blätter mit einem Durchmesser bis zu zwei Metern, die übrigens Kinder und sogar leichte Erwachsene tragen, wachsen ebenfalls jedes Jahr aufs neue innerhalb weniger Wochen aus Samen.

Akustisch abgerundet wird die ganze Pracht durch die hier oft zu hörenden katzenartigen Schreie des indischen Blauen Pfaues, der frei durch die Wilhelma streift.

Das Maurische Landhaus – »die königlichen Umkleidekabinen«

Wenn wir uns dem Maurischen Garten mit dem Seerosenteich nähern, sehen wir das Maurische Landhaus. Hier hielt sich Wilhelm I. auf, wenn er in seiner »Wilhelma« weilte, hier waren das Badhaus und (so mancher Besucher respektlos) die »königlichen Umkleidekabinen«. Im ersten, nördlichen der beiden Gewächshausflügel sind Kakteen und Farne untergebracht, darunter auch Baum- und Palmfarne, unter denen schon die Dinosaurier wandelten.

NACHTTIERE – LATERNENFISCHE UND FLEDERMÄUSE In der Mitte des Hauses gelangen wir über eine Treppe, vorbei an verschiedenen Papageien, zu den Nachttieren – 1962 eröffnet, wurden hier erstmals in Europa nächtlich lebende Tiere bei voller Aktivität gezeigt: Tag- und Nachtzeit sind hier verschoben, nachts sind die Räume beleuchtet und die Tiere schlafen, tagsüber tasten sich die Besucher durch nur spärlich beleuchtete Räume und sehen die Tiere »in Aktion«. Der Laternenfisch (*Photoblepharon*) verwirrt seine Fressfeinde, indem er sein durch Bakterien erleuchtetes Organ unter den Augen auf- und ab-

deckt – und so scheinbar plötzlich verschwindet. Der blinde Höhlenfisch hingegen hat seine Augen einfach verloren, da er in seinem Lebensraum, unterirdischen Flussläufen, genauso gut ohne leben kann – oberirdische Vertreter derselben Art besitzen ihre Augen noch. Faszinierend sind natürlich immer wieder die Fledertiere, die sich sogar fliegend im dreidimensionalen Raum bei Dunkelheit zurecht finden – mit Ultraschall, wie man heute weiß: Hindernisse und Beuteinsekten werden am zurückgeworfenen Echo erkannt, Fledermäuse »hören« ihre Umgebung. Dieses gilt übrigens nicht für die Unterordnung der Flughunde, wie den in der Wilhelma lebenden Indischen Flugfuchs: Diese Tiere haben die Technik der Ultraschallortung nur bei wenigen Arten entwickelt.

TROPISCHE NUTZPFLANZEN – WO DER PFEFFER WÄCHST ... An das Nachtierhaus schließt sich das Haus für tropische Nutzpflanzen an. Hier wachsen all die Pflanzen, die jede und jeder aus Küche und Haushalt kennt, aber noch nie vorher gesehen hat, zumindest nicht als ganze Pflanze: Textilien liefernde Baumwolle und Sisalagave, Sternfrucht (Karambole), Papaya und Passionsfrucht, aber auch Kaffeestrauch, Kakaobaum – und Pfeffer. Wenn Sie demnächst jemanden dahin wünschen, »wo der Pfeffer wächst«, verschaffen Sie ihm womöglich einen schönen Tag in der Wilhelma ...

Das Mausoleum auf dem Rotenberg Wenn Besucher vor der »Anlage für Bären und Klettertiere« stehen, sollten sie am Steinbockgehege den Blick in die Ferne schweifen lassen: Auf dem nahe gelegenen Rotenberg, über den Weinbergen von Uhlbach, ist die Grabkappelle sichtbar, in der Wilhelm I. neben seiner Frau die letzte Ruhe gefunden hat.

Auf dem Wirtemberg, wie die Erhebung früher hieß, stand ab dem 11. Jahrhundert die Stammburg des gleichnamigen Hauses. Ab dem 14. Jahrhundert wurde als Wohnsitz der Grafen und späteren Herzöge und Könige allerdings das geräumigere und bequemere Stadtschloss in Stuttgart genutzt. Die Burg, weiterhin in Familienbesitz,

wurde aus Gründen der Tradition aber stets gepflegt und nach Zerstörungen sogar mehrfach wieder aufgebaut. 1819 starb Wilhelms geliebte Frau, Großherzogin Katharina Pawlowna, im Alter von nur 30 Jahren – angeblich war es ihr letzter Wunsch, dort oben auf dem Württemberg bestattet zu werden. Wilhelm ließ daher die Burg komplett abtragen und 1820 bis 1824 eine Grabkapelle für Katharina errichten.

Übrigens liebte nicht nur Wilhelm seine Frau, sondern das ganze Volk verehrte die wohltätige Königin: Das Katharinenhospital, das Volksfest mit Landwirtschaftlichem Hauptfest und die Württembergische Sparkasse (heute LBBW) gehen auf ihre Bemühungen um das Wohlergehen des einfachen Volkes zurück.

Nach seinem Tod im Jahr 1864 auf Schloss Rosenstein wurde König Wilhelm I. auf seinen ausdrücklichen Wunsch neben seine Frau gebettet, um ihr auf ewig nah zu sein. Grabkapelle und Gruft sind seit 1907 öffentlich zugänglich – und wie die Wilhelma einen Ausflug wert!

Das Menschenaffenhaus Die Menschenaffen (Primaten oder »Herrentiere« wie wir) üben auf jeden Besucher, ob groß oder klein, eine besondere Faszination aus. Dieses hängt sicher damit zusammen, dass sie uns so ähnlich sind. Menschenaffen sind übrigens nicht unsere Vorfahren, wie oft behauptet wird (»Der Mensch stammt vom Affen ab«), sondern unsere Vettern – neben dem Menschen *Homo sapiens* weitere Überlebende einer Entwicklung, die vor mehreren Millionen Jahren mit dem *Australopithecus* in Afrika begann und vermutlich noch nicht zu Ende ist.

Die 1972 eröffneten Menschenaffen-Gehege der Wilhelma machen auf viele Besucher einen sterilen und nüchternen Eindruck und erinnern manche an Badezimmer oder OP-Säle. Trotzdem sind die Behausungen affengerecht (auch wenn es uns auf den ersten Blick nicht so vorkommen mag): Die Stangen, Sitzbretter, Karusselle und Seile erfüllen die gleichen Funktionen wie sonst Urwaldbäume und sind doch stabil gegenüber spielerischer Gewalt und zur Vermeidung von

Krankheiten leicht sauber zu halten. Ein neues Affenhaus ist momentan in Planung, mit dem Bau soll 2006 zum 50. Jubiläum des Fördervereins, der das Projekt finanziell unterstützt, begonnen werden.

Netzgiraffe – das »Leopardenkamel« Schon zu Cäsars Zeiten gelangte die erste Giraffe im Jahr 46 v. Chr. als Geschenk unterlegener Nubier nach Rom und wurde in Europa bestaunt. Im Jahr 1215 tauschte der Sultan von Ägypten mit dem Hohenstaufenkaiser Friedrich II. eine der in Europa so begehrten Giraffen gegen einen Eisbären. Noch im Mittelalter glaubte man, die fremdartigen Tiere entstammten einer Kreuzung zwischen Kamelen und Leoparden – noch heute lautet ihr wissenschaftlicher Name *Giraffa camelopardalis*.

Der ungewöhnliche Körperbau machte einige im Tierreich einzigartige Anpassungen und Entwicklungen nötig. So besitzt die Giraffe in ihrem Blutgefäßsystem ein »Wundernetz« (*Retis mirabilis*), welches zusammen mit Rückstauklappen in den Drosselvenen eine gleichmäßige Durchblutung des Gehirns gewährleistet – gleichgültig, ob die Giraffe ihren Kopf erhoben auf 5,80 Meter Höhe trägt (was sie zum höchsten aller Säugetiere macht) oder zum Trinken zur Wasseroberfläche eines Sees hinabsenkt. Die Höhe bekommt übrigens auch das Junge bei der Geburt gleich zu spüren: Es fällt – mit einem Gewicht von immerhin 70 bis 100 Kilogramm – aus rund zwei Metern Höhe zu Boden! Eine halbe Stunde danach steht es dann allerdings schon zum ersten Mal auf.

Erstaunlicherweise wird auch der lange Hals der Giraffe nur von sieben Halswirbeln getragen, wie beim Menschen und fast allen anderen Säugetieren – lediglich manche Seekühe und Faultiere besitzen abweichend nur sechs, ausgerechnet das kurzhalsige Dreifinger-Faultier neun Halswirbel. Die einzelnen Halswirbel der Giraffe sind allerdings auf 40 Zentimeter verlängert.

Wie man bei einem Besuch des Giraffenhauses gegenüber dem Elefantengehege feststellt, riechen Giraffen sehr intensiv – oder besser

gesagt: sie stinken! In den Haaren der Giraffe wurden bisher elf Substanzen entdeckt, die unerwünschte Passagiere abschrecken können. Für den überwiegenden Teil des Aromas sind die Verbindungen verantwortlich, die auch Kot seinen typischen Geruch verleihen. Von den anderen Verbindungen weiß man, dass sie das Wachstum von Bakterien oder Pilzen hemmen. Der Gehalt von p-Cresol im Giraffenhaar ist ausreichend, um Zecken abzuschrecken. Da die Männchen stärker riechen als die Weibchen, erfüllt das Aroma vielleicht auch eine Funktion bei der Partnerwerbung. Für eine Anwendung gegen Zecken beim Menschen ist das Giraffenparfüm aber eher ungeeignet, da es so fürchterlich stinkt.
Die Familie der Giraffen entwickelte sich erst im Alt-Miozän innerhalb der Unterordnung der Wiederkäuer. Die Familie zeigte eine reiche Formenvielfalt mit verschiedenen antilopenähnlichen Gestalten in der Alten Welt. Im Pleistozän (vor rund zwei Millionen Jahren) traten die ersten Langhals-Giraffen auf. Heute gibt es als einzige Vertreter die jedem Kind bekannte Giraffe in mehreren Unterarten und das erst 1901 entdeckte Okapi, die Waldgiraffe.
Früher, als die Giraffen nur des Fleisches wegen mit einfachen Waffen gejagt wurden, gab es in Afrika große Herden mit bis zu 100 Tieren. Das Fleisch junger Giraffen galt als Leckerbissen, ein großes Männchen mit einem Gewicht bis zu zwei Tonnen ergibt mehrere hundert Kilogramm Fleisch und kann ein ganzes Dorf viele Wochen lang ernähren. Der einzige Feind außer dem Menschen ist der Löwe, der neben jungen oder schwachen Tieren trinkende Giraffen angreift, wobei er sie in die Schnauze beißt und dann aus dem Gleichgewicht bringt. Eine stehende Giraffe verteidigt sich auch gegen Löwen wehrhaft mit den Hufen. Bei Kämpfen unter Bullen wird übrigens auf den Einsatz der Hufe verzichtet, hier werden die Köpfe mit den beiden hautüberzogenen Hörnern (die auch die Weibchen tragen) und die ganzen Hälse als Schlagwaffen eingesetzt. Mit der Ankunft der Weißen in Afrika begann allerdings die sinnlose Jagd auf Trophäen: Begehrt waren nun die Schwanzquasten der Giraffe – als Glücksbringer, aber auch als Fliegenklatsche ... Nach-

dem die Herden über die Jahrzehnte stark dezimiert wurden, sind Giraffen heute überall geschützt.

Die am weitesten verbreitete und auch in der Wilhelma lebende Giraffe ist die Netzgiraffe *G. camelopardalis retiulata*, für diese Art koordiniert die Wilhema derzeit auch das Europäische Erhaltungszuchtprogramm. Die anderen Giraffenvertreter werden je nach wissenschaftlichem Lager zu einer einzigen Unterart, der Gefleckten Giraffe, zusammengefasst oder sieben verschiedenen Unterarten zugeordnet, je nach Lebensraum von der Nubischen bis zur Kap-Giraffe. Lamarck (1744–1829), der Widerpart von Charles Darwin bei der Entwicklung der Theorie zur Evolution der Lebewesen, sah in der Giraffe übrigens eine Bestätigung seiner Version: Durch das Recken nach den Blättern in den Baumspitzen habe sich der lange Hals entwickelt, der dann auf die Nachkommen vererbt worden sei. Heute glaubt man mit Darwin, dass Tiere mit längeren Hälsen bessere Überlebenschancen hatten und sich deshalb öfter und zahlreicher fortpflanzten als Vertreter derselben Art mit kürzeren Hälsen.

Okapi: Noch 'ne Giraffe, spät entdeckt Auch die zweite noch lebende Giraffengattung, das Okapi (*Okapia johnstoni*), ist in der Wilhelma vertreten. Diese kurzhalsigen Waldgiraffen leben als ausgesprochene Einzelgänger in den Urwäldern des Kongo. Das Territorium eines Weibchens beträgt drei bis fünf Quadratkilometer, dasjenige eines Männchens ist noch größer. Bedingt durch diese versteckte Lebensweise bekamen Europäer diese Tiere erstmals im Jahr 1900 zu Gesicht – hierbei handelte es sich wohl um die letzte Entdeckung eines bis dato unbekannten Großsäugers.

Der britische Afrikareisende Sir Henry Morton Stanley (1841–1904) beschrieb in seinem Buch »In darkest Africa« (1890), dass die Batwas im Kongo über seine Pferde nicht erstaunt waren, sondern behaupteten, gestreifte Pferde würden sie im Regenwald in Fallen fangen und verspeisen. Der britische Gouverneur von Uganda, Sir Harry Johnston, begeisterte sich so sehr für die »Streifenpferde«, dass

er 1900 eine spezielle Forschungsreise in den Kongo machte, um das mysteriöse Regenwald-Zebra zu finden. Er wähnte sich auf der Spur des Urpferdes Hipparion. Zwei gestreifte Fellstücke, die er der Zoologischen Gesellschaft in London schickte, wurden von dieser als neue Art eingeordnet und 1901 als Johnston-Zebra (*Equus johnstoni sp. nov.*) benannt. Im gleichen Jahr brachte er zwei Schädel und eine komplette Felldecke nach London, anhand derer die Verwandtschaft zur Giraffe erkannt und der neue Gattungsname *Okapia* vergeben wurde.
Im Jahre 1919 erhielt der Zoo Antwerpen das erste Okapi, das schon nach 51 Tagen starb – wie viele danach an Parasiten. Ein 1928 eingetroffenes Weibchen lebte bis 1943. Erst 1956 wuchs das erste Okapi in einem Zoo in Paris auf. Seit 1981 leben Okapis auch in der Wilhelma, 1989 gelang der Wilhelma als erst zweitem deutschen Zoo die erfolgreiche Aufzucht eines Jungen. Etwa 50 Tiere leben in Zoos in Europa, die gleiche Zahl noch einmal in Nordamerika. Der wild lebende Bestand in Zaire beträgt heute nur noch rund 5000 bis 10 000 Exemplare.

Onager: Beißende Halbesel Der Onager, dessen Gehege wir an der Weggabelung zum oberen Wilhelma-Restaurant und dem Schaubauernhof finden, ist ein persischer Halbesel, den schon die alten Assyrer vor ihre Kampfwagen spannten – richtig als Haustier domestiziert wurde der Onager allerdings nie. Mit dem leichter zu handhabenden und vielseitiger einsetzbaren Pferd verschwand der Onager als Nutztier.
1954 wurde ein kleine Onager-Gruppe durch Hagenbecks Tierpark aus den nordpersischen Salzsteppen importiert. Da ihr Bestand im Nordiran und in Turkmenien stark bedroht ist, wird auch für diese Art ein internationales Zuchtbuch für die wenigen in Zoos lebenden Exemplare geführt.
Erwähnt werden muss noch der Geistesblitz eines schwäbischen Besuchers, der das Schild »Vorsicht, Tiere beißen« mit den Worten kommentierte: »Hano, send ja au Å-Nager« ...

Orang-Utan – der »Waldmensch« Orang-Utans (*Pongo pygmaeus*) kommen in zwei Unterarten nur auf den Inseln Borneo und Sumatra vor – noch vor, muss man wohl leider sagen: Durch die Vernichtung ihres Lebensraums, des Regenwaldes, durch Brandrodung sind sie ebenso akut vom Aussterben bedroht wie durch die neueste »Mode« wohlhabender Familien, Orang-Utans als »Haustiere« zu halten – natürlich sind hierfür nur »süße« Jungtiere interessant ... Von jeder der beiden Unterarten gibt es heute vielleicht noch 10 000 Tiere. Die Wilhelma trägt hier mit der Nachzucht von bisher mehreren Dutzend Jungtieren zur Erhaltung dieser bedrohten Affen bei.
Besonders auffällig bei den Orang-Utans (der Name bedeutet auf malaysisch »Waldmensch«) ist ihr im Gegensatz zu den anderen Menschenaffen bewegtes Mienenspiel und ihre recht individuell ausgeprägten Gesichtszüge.

Panzernashorn als Geschenk Das Indische Panzernashorn (*Rhinoceros unicornis*) gehört zu den extrem vom Aussterben bedrohten Tierarten: Rund 2000 Panzernashörner leben nur noch in Reservaten im indischen Ganges- und Brahmaputra-Gebiet am Fuße des Himalayas, davon rund 1000 im Naturpark von Kaziranga. Einige weitere 100 Tiere leben in Nepal.
Auch für diese bedrohte Art gibt es ein Europäisches Erhaltungszuchtprogramm, an dem sich die Wilhelma beteiligt – seit 1968 hält und züchtet die Wilhelma Panzernashörner. Frisches Blut bekam die Nashorngruppe der Wilhelma 1993, als der Staat Nepal der Wilhelma anlässlich der Internationalen Gartenbauausstellung IGA das Weibchen »Sani« schenkte. Inzwischen hat sie schon drei Junge geboren, von denen zwei bereits im Rahmen des Zuchtprogramms in andere Zoos verschickt wurden – 13 Jungtiere insgesamt hat die Wilhelma bisher zur Erhaltung der Art beigetragen.
Dass Vater, Mutter und Kind in getrennten Gehegen untergebracht sind, hat übrigens damit zu tun, dass Panzernashörner Einzelgänger sind und mit Familienleben nicht viel im Sinn haben. Mutter und Kind

werden allerdings zwei Jahre zusammenbleiben, bis auch der Nachwuchs eigene Wege geht – spätestens, wenn nach 14 bis 16 Monaten Tragzeit das nächste Junge geboren wird.
Das namensgebende Horn bleibt bei den Wilhelma-Exemplaren übrigens durch ständiges Scheuern kurz, auch wenn es ständig nachwächst; keineswegs wird es, wie manchmal von Besuchern gemutmaßt wird, abgesägt – und schon gar nicht als Aphrodisiakum von Wilhelma-Pflegern verwendet …

Pekaris – amerikanische Schweine Neben dem Mammutbaumhain der Wilhelma, auf dem Weg zur Südamerika-Anlage, leben Pekaris, kleine, quirlige Schweine. Das Pekari (*Tayassu tajacu*) ist das Wildschwein der Neuen Welt und in Südamerika von der Wüste bis in Tropensümpfe verbreitet. Sie unterscheiden sich in vielen Merkmalen ihres Körperbaus von den Altweltschweinen.
Der deutsche Name Nabelschwein kommt von einer Drüse auf dem Rücken, die (wegen der fehlenden Unterwolle) sichtbar wird, wenn die Tiere in Erregung ihre Rückenhaare aufstellen. Die Drüse dient der Markierung des Wohngebietes und der Schweine untereinander zur Markierung der Rottengemeinschaft, die ein bis zwei Dutzend Tiere umfasst. Wie bei den Raubtieren ist der obere Eckzahn als scharfe, dreikantige Waffe ausgebildet – eine Waffe, mit der sogar Jaguare in die Flucht geschlagen werden.
In der Wilhelma runden die Pekaris die Darstellung der Fauna Südamerikas ab, die auf der großen Wiese am Rande des Rosensteinparks dargestellt wird.

Perlboote – lebende Ammoniten Das Perlboot oder Nautilus, das sich im Aquarium ein Becken mit dem japanischen Tannenzapfenfisch teilt, ist ein enger Verwandter – unserer Tintenfische! Es handelt sich hierbei um ein lebendes Fossil, die versteinerte Verwandtschaft der Nautiliden, die vor Hunderten von Jahrmillionen lebte, kennen wir als Ammoniten. Tintenfische, Nautiliden und

Ammoniten sind Kopffüßer, und damit ist natürlich auch das Perlboot keine Meeresschnecke.

Pinguine – und Reiher als Mitesser In der Nähe von Haupteingang und Freiflugvoliere kommen wir an einem Gehege mit Brillenpinguinen vorbei. Da diese Pinguine in den gemäßigteren Klimaten leben, können sie das ganze Jahr über im Freien gehalten werden. Die zusätzlich aufgestellte Absperrung dient dem Schutz der Tiere vor Besuchern und nicht etwa dem Einsperren der Tiere. Da es eine Zeit lang Mode unter Jugendlichen war, die Wilhelma zum »Pinguin-Klatschen« zu besuchen, musste der Extra-Zaun aufgestellt werden.
Die Grau- oder Fischreiher, die oberhalb des Pinguingeheges, aber auch um das Seelöwenbecken und anderswo in der Wilhelma frei leben, haben den Zoo übrigens ebenfalls als angenehmen Lebensraum entdeckt: Da sich hier am reichlich gedeckten Tisch doch immer mal der eine oder andere Fisch erhaschen lässt, lebt eine steigende Zahl von ihnen mehr oder weniger dauerhaft hier – ganz ohne Gehege ...
Die daneben liegende Vogelfreifluganlage, die 1993 eröffnet wurde, gibt der Wilhelma die Möglichkeit, Vögel in ihrem nachgestellten natürlichen Lebensraum zu zeigen: asiatische Wälder, afrikanische Savanne oder die deutsche Meeresküste.

Piranhas unterm Wasserfall Folgen wir dem nachgebauten Dschungelweg durch das Amazonienhaus vorbei an einem großen Wasserfall, gelangt man zu einem Tümpel, wie er sich am Amazonas an einer ruhigen Stelle des Wasserlaufes darstellen würde: Kaimane, Schildkröten und verschiedene Arten großer Süßwasserfische bevölkern das Wasserbecken; der Besucher kann sich über eine Treppe der Wasseroberfläche nähern und sogar unter den Wasserspiegel blicken.
Vervollständigt würde dieses Bild noch durch einen Schwarm Piranhas, die wir nicht hier, sondern im Aquarium finden. Piranhas sind Raubfische, die Darstellungen über ihre Blutrünstigkeit und Gefähr-

lichkeit sind allerdings übertrieben. Normalerweise baden selbst Dorfbewohner bedenkenlos im Amazonas, auch an Stellen, an denen Piranhas vorkommen. Allerdings kann es passieren, dass Seitenarme des Flusses bei tieferen Wasserständen abgeschnitten und dann von einem großen Piranhaschwarm relativ schnell »leer gefressen« werden. Versucht nun ein Tier oder auch ein Mensch, den Fluss zu durchqueren, kann es tatsächlich zu den Bildern kommen, die man aus manchen Actionfilmen kennt: Der hungrige Schwarm bringt das Wasser zum Schäumen und das Opfer wird in Minutenschnelle bis auf die Knochen abgefressen.

Keine Krebse – Pfeilschwanzkrebse Die Pfeilschwanzkrebse (*Limulus polyphemus* und zwei andere lebende Arten), auch Hufeisenkrebs oder Königskrabbe genannt, die wir im Insektarium finden, sind lebende Fossilien – die heute noch lebenden Vertreter unterscheiden sich praktisch nicht von 300 Millionen Jahre alten Fossilfunden. Obwohl sie im Insektarium leben, sind sie natürlich keine Insekten – aber auch Krebse sind sie mitnichten, sondern bilden als Schwertschwänze (*Xiphosuridae*) eine eigene Ordnung der Gliederfüßer oder Arthropoden.

Ein besonderes Schauspiel ereignet sich jährlich im Frühjahr an der amerikanischen Ostküste von der Halbinsel Yukatan bis nach Maine, wenn wenige Tage vor Neumond Millionen von Pfeilschwanzkrebsen zur Paarung das Wasser verlassen und auf den Strand strömen.

Wenn man den »kleinen schielenden Zyklopen« (so die Bedeutung des wissenschaftlichen Namens) ruhig in seinem Becken im Wilhelma-Insektarium sitzen sieht, kann einen ein gewisses ehrfürchtiges Schaudern überkommen: Er sah die Dinosaurier kommen und gehen – nun lässt er sich eben gerade von Säugetieren bestaunen ...

Die Platane Beeindruckend ist die mächtige, über 150 Jahre alte Platane am Flamingo-Gehege in der Nähe des Eingangs – in vielen Sagen und Mythen spielt dieser Baum eine Rolle, der ursprünglich aus Südosteuropa stammt. Zeus soll, nachdem er Europa in Gestalt eines Stieres entführt hatte, die Hochzeit unter dem Geäst einer mächtigen Platane im Süden Kretas vollzogen haben, wo Europa ihren ersten Sohn Minos empfing.

Zuchterfolg und Kinderfreude: der Poitou-Esel Der Poitou-Esel ist eine alte französische Eselsrasse, die fast dem Fortschritt zum Opfer gefallen wäre: Mit der Verdrängung von Maultieren, zu deren Zucht die Esel gern verwendet wurden (mit ihrer Größe eignen sie sich zur Paarung mit Pferden), hatte die Landwirtschaft kaum mehr Bedarf. Da die Esel aber – wie andere bedrohte Haustier-Rassen auf dem Schaubauernhof – zu unserem kulturellen Erbe gehören, versucht man, den Poitou-Esel durch gezielte Zucht zu erhalten; natürlich trägt auch die Wilhelma mit ihrer kleinen Herde dazu bei. Darüber hinaus haben die Kinder viel Spaß an den Eseln, wenn diese sich Sonn- und Feiertags zusammen mit den Shetland-Ponys geduldig für muntere Reitrunden zur Verfügung stellen.

Quallen mit Ohren? Die Ohrenqualle (*Aurelia aurita*) ist eine der bekanntesten Quallen. Sie zählt zu den großen Medusen und ist in allen Weltmeeren verbreitet; auch in Mittelmeer, Nord- und Ostsee kommt sie häufig vor. Ihre Haltung im Zoo-Aquarium ist schwierig – und wird deshalb außerhalb der Wilhelma auch selten durchgeführt: Ist die Strömung innerhalb des Beckens zu gering, so sinken die Quallen zu Boden und ersticken oder verhungern; ist die Strömung nur ein bisschen zu stark, so zerstören die dauernden Zusammenstöße die Quallen schnell …
Der Name »Ohrenqualle« leitet sich von der Form der vier sichtbaren Keimdrüsen ab, die kreuzförmig angeordnet in der Mitte des Schirms liegen und mit etwas Phantasie an Ohren erinnern – selbstverständlich

hören die Quallen nicht mit diesen Organen. Bis auf die Keimdrüsen ist ihr Körper, der zu 98 Prozent aus Wasser besteht, völlig durchscheinend. In den Keimdrüsen werden bei den weiblichen Tieren Eizellen, bei männlichen Samenzellen gebildet, die den Körper durch die Mundöffnung verlassen. Die befruchteten Eizellen entwickeln sich in Kammern der Mundarme zu Larven, die zu Boden sinken und zu Polypen heranwachsen, welche durch ungeschlechtliche Fortpflanzung viele kleine Medusen bilden. Ihr Lebenszyklus ist an die Jahreszeiten gebunden, nach einem Jahr sterben die Tiere ab, weil sie die kalte Jahreszeit nicht überstehen. Die Polypen überdauern bis zum Frühjahr.

Raubtierhaus – Faszination des Animalischen Die »Raubkatzen« gehören zu den beliebtesten Tieren im Zoo, seit 1968 gibt es ein eigenes »Raubtierhaus« in der Wilhelma. Die Beliebtheit rührt wohl nicht nur von ihrer Schönheit her, sondern auch von der Faszination, dass diese Tiere große, lebende Beute jagen. »Jagdtiere« wäre eigentlich der bessere Begriff, da sie nicht rauben, ist aber im Deutschen mit anderer Bedeutung besetzt – Großkatzen oder Beutegreifer sind neutralere Begriffe.

Der Schaubauernhof Der Bauernhof bietet nicht nur Eltern die willkommene Gelegenheit, ihren Kindern zu zeigen, wo die Milch herkommt – weder aus dem Tetrapack, noch aus lila Kühen –, sondern bewahrt auch heute selten gewordene Haustierarten tatsächlich vor dem Aussterben. Zu finden ist der Schaubauernhof auf dem Weg von den Elefanten- und »Raubkatzen«-Gehegen bergauf in den neuesten Teil der Wilhelma.

SCHWEINE IN DER WILHELMA? Das Wildschwein (*Sus scrofa*) gehört zu den nicht wiederkäuenden Paarhufern und ist der einzige Vertreter der Familie der Schweine (*Suidae*) in Europa. Von ihm stammen alle unsere Hausschwein-Rassen ab, die durch die Jahrhunderte nach unterschiedlichen Anforderungen gezüchtet wurden. So auch das »Schwäbisch-Hällische Landschwein«, das – wohl auf eine Anregung

Wilhelms I. – durch Kreuzung von Wildschweinen mit Chinesischen Maskenscheinen entstand und eine der ältesten deutschen Hausschweinrassen darstellt. Das fette Fleisch war im 19. Jahrhundert gefragt, denn Fleisch gab es nicht jeden Tag. Als in neuerer Zeit der Verbrauchertrend zu magerem Fleisch ging, geriet das Schwäbisch-Hällische Schwein trotz seiner Widerstandsfähigkeit gegen Krankheiten ins Abseits. Viele Schweinzüchter wandten sich anderen, neu gezüchteten Arten zu, deren Fleisch fettärmer ist – und die durch eine zusätzlich herausgezüchtete Rippe zudem zwei Koteletts mehr »liefern«. Fast wäre das Schwäbisch-Hällische Schwein wieder ausgestorben, doch einige Bauern setzten gleichermaßen ökologiebewusst wie geschäftstüchtig auf diese alte Art, so dass sie rechtzeitig eine Renaissance in den Schweineställen erlebte – und nun auch hier in der Wilhelma, sozusagen nahe bei ihren historischen Wurzeln, wieder präsentiert werden kann.

DIE LIMPURGER RINDER Das Limpurger Rind ist eine alte Haustierrasse, die wie das Schwäbisch-Hällische Schwein fast ausgestorben wäre. Als so genanntes »Dreinutzungsrind« zur Lieferung von Milch und Fleisch wie zum Ziehen des Pfluges eingesetzt, war es bis etwa 1950 die meistgehaltene Rinderart der Region. Durch das Aufkommen von neu gezüchteten Rassen mit höherer Milchleistung und schnellerem Fleischwachstum geriet das Limpurger Rind in der Folgezeit ins Abseits – bis schließlich die letzten verbliebenen 17 Kühe und ein Bulle durch einen Zuchtverband so weit vermehrt wurden, dass das Überleben dieser alten Rasse heute wieder gesichert ist, unter anderem durch den Zuchtbestand in der Wilhema.

Schimpanse: Werkzeuggebrauch Der Schimpanse (*Pan troglodytes*) ist die bekannteste und wohl beliebteste Menschenaffenart und berühmt für seine Intelligenzleistungen, zum Beispiel den Werkzeuggebrauch; erstaunlich ist das Verfahren, ein Stöckchen oder einen Halm in einen Termitenbau zu stecken und die Insekten, die sich daran festbeißen, genüsslich zu naschen.

Auffällig bei Schimpansen- wie Bonobo-Weibchen ist die Sexualhaut am Gesäß, die periodisch an- und abschwillt: Wenn die Schwellung und Rötung am stärksten ist, sind die Weibchen paarungsbereit und die Männchen werden durch den Anblick entsprechend stimuliert. Unserem Schönheitsideal entspricht der rot-geschwollene Popo dagegen nicht unbedingt ...
Lange galt der Schimpanse als engster Verwandter des Menschen (Charles Darwin wurde nach Veröffentlichung seiner »Origin of Species« als Schimpanse abgebildet und verspottet), bis der Bonobo als eigene Art erkannt wurde.

Die Schmetterlingshalle Als Verbindung zwischen den beiden Gebäuden des Insektariums dient die Schmetterlingshalle (hier haben wir es übrigens wieder mit echten Insekten zu tun). Am Rande einer Wiese, die mit Nahrungspflanzen bewachsen ist, kann der Besucher sich auf einer Bank niederlassen und den flatternden Edelsteinen oder »Orchideen der Luft« zusehen – ständig entdeckt man neue Exemplare an Pflanzen, Wänden oder Decken. Die Puppen der tropischen Schmetterlinge sind in einem Glaskasten am Wegrand angebracht, so dass man den täglich neu schlüpfenden Schmetterlingen zuschauen kann, wenn sie nach langer Lebenszeit als Raupe und Gestaltumwandlung (»Metamorphose«) in der Puppe ihr kurzes, süßes Leben als Schmetterling beginnen.

Schneeleopard – die schnurrende Großkatze Der Schneeleopard oder Irbis (*Panthera unica*) lebt als Einzelgänger in den schwer zugänglichen Hochgebirgsregionen Zentralasiens, weshalb über seine Lebensweise kaum etwas bekannt ist. In der Wilhelma hat er sein Gehege am Rande der Anlage für Bären und Klettertiere. Die Nachzucht in Zoos hat stark an Bedeutung gewonnen, da die Wildbestände durch illegale Bejagung stark zurückgegangen sind. Etwa 400 Irbisse leben heute in menschlicher Obhut, wovon bereits zwei Drittel in Zoos geboren sind und im Rahmen eines Europäischen Erhaltungszuchtpro-

gramms betreut werden – so auch die Stuttgarter Schneeleoparden. Die Jungen in der Wilhelma reißen gerne aus und unternehmen Spaziergänge durch den Park – sehr zur Freude und Verwunderung der Besucher. Anschließend kehren die Jungen aber gern wieder in das Gehege zu ihrer Mutter zurück.
Der Irbis ist übrigens die einzige der Großkatzen, die nicht brüllen kann, da sein Zungenbein nur unvollständig verknöchert ist. Dafür schnurrt der Schneeleopard wie eine Hauskatze ...

Schneeziege – feine Wolle gegen Kälte Die nordamerikanische Schneeziege (*Oreamnus americanus*) ist ein enger Verwandter unserer Gämsen. Wie diese erklimmen sie fast senkrechte Wände, an denen sie von einem Felsvorsprung zum nächsten wandern. So ist es kein Wunder, das auch sie auf der Anlage für Bären und Klettertiere lebt. Ihre Wolle, die feiner ist als die der Kaschmirschafe, wurde früher von den Indianern Nordamerikas gesponnen und zu wertvollen Decken verarbeitet.

Schützenfisch und Vierauge – Soft- und Hardware-Lösung Eng nebeneinander findet man die Aquarien des Schützenfisches und der Vieraugen. Diese völlig unterschiedlichen Tiere verbindet das gleiche Problem – und die Natur hat es mit zwei verschiedenen Strategien gelöst. Der Schützenfisch (*Toxotes jaculatrix*, nach gr. Bogenschütze und lat. werfen, schleudern) fällt auf durch seine Form, die an seine Ernährungsweise und die damit zusammenhängende Jagdstrategie angepasst ist: Mit seiner dreieckigen Form und dem geraden, flachen Rücken ohne nennenswerte Rückenflosse kann der Fisch direkt unter der Wasseroberfläche stehen, ohne dass er von oberhalb des Wasserspiegels zu sehen ist. Sieht der Schützenfisch nun eine Beute außerhalb des Wassers, zum Beispiel ein Insekt, welches auf einem Blatt sitzt, so schießt er mit dem Mund einen Wasserstrahl auf die Beute. Das getroffene Insekt stürzt im Erfolgsfall auf die Wasseroberfläche und wird eine leichte Beute für den lauernden Fisch.

Ist diese Strategie für einen sicherlich nicht sonderlich intelligenten Fisch schon erstaunlich genug, so wird diese Leistung noch beeindruckender, wenn man sich die Physik der Lichtausbreitung ins Gedächtnis ruft. Die Brechung des Lichtes ist abhängig von der Dichte des Mediums und daher unterschiedlich in Wasser und in Luft – der Strahlengang ist also nicht gerade, sondern hat an der Grenze zwischen Wasser und Luft einen Knick. Man sieht einen Fisch im Wasser von außerhalb nicht an der Stelle, an der er sich wirklich befindet – und ebenso ergeht es natürlich dem Schützenfisch mit seiner außerhalb des Wassers sitzenden Beute. Der Schützenfisch hat diese Tatsache offensichtlich in seiner »Zielsoftware« berücksichtigt und korrigiert die unterschiedlichen Brechungsindices automatisch!

Vor einem ähnlichen Problem steht das Vierauge (*Anableps anableps* oder *A. tetrophtalmus*, nach gr. hinaufblicken und vieräugig), ein Fisch, der im flachen Wasser lebt und deshalb ständig auf der Hut vor Landräubern sein muss. Auch er kann aus dem Wasser heraus die genaue Position seiner Feinde nicht so einfach bestimmen – und hat eine ganz andere Lösung des gleichen Problems gefunden: In jedem Auge des Vierauges befinden sich zwei Pupillen, von denen eine über Wasser, die andere unter Wasser sieht ... Der obere Teil der Augenlinse ist auf die optischen Eigenschaften der Luft eingestellt, der untere auf die Eigenschaften des Wassers. Im Gehirn müssen lediglich die vier Einzelbilder der Augen zu einem Gesamtbild der Umgebung zusammengefügt werden.

Die Seelöwen – mit Ohren! Im Zentrum der Wilhelma, nahe des Aquariums, finden wir eine besondere Attraktion: die kalifornischen Seelöwen (*Zalophus californianus*). Neben ihrer eleganten Schönheit beeindrucken sie auch, wenn sie im Rahmen einer Fütterung ihre Kunststücke zeigen, die sie leicht und ebenso gerne erlernen wie vorführen. Auffallend dabei ist ihre Behändigkeit – im Gegensatz zu den Seehunden können Ohrenrobben, zu denen die Seelöwen innerhalb der Ordnung der Wasserraubtiere gehören, ihre Hinterflossen

nach vorn unter den Körper drehen. Sie bewegen sich daher auch an Land auf allen vier Flossen recht flink, während Seehunde (aus der Ordnung der Hundsrobben) auf dem Land ziemlich unbeholfen sind und sich auf dem Bauch rutschend fortbewegen müssen – ganz davon abgesehen, das sie auch keine sichtbaren Ohren haben!

Seehunde gibt es in der Wilhelma heute nicht mehr zu sehen. Bis vor wenigen Jahren gab es noch eine Gruppe in einem heute wieder als Springbrunnen genutzten Teich im Maurischen Garten. Da man in modernen Zoos aber darauf verzichtet, möglichst viele Vertreter verschiedener Arten zu zeigen und lieber darauf achtet, dass diese sich auch in artgerechten Sozialgefügen wohlfühlen können, hat die Wilhelma die Seehund-Haltung aufgegeben und ihre Hundsrobben an einen niederländischen Zoo weitergegeben, wo bereits eine große Kolonie existierte – nicht jeder Zoo muss heutzutage alles zeigen, lieber konzentriert man sich auf weniger Arten, von denen dann größere Gruppen gehalten werden. Als positiver Nebeneffekt zeigt sich der Maurische Garten nun wieder so, wie er historisch angelegt war – ohne Tiere.

Somali-Wildesel: Esel im Zoo? Mancher Besucher mag sich fragen, warum ein Zoo denn auch noch Esel hält – sind diese Tiere doch aus dem Griechenland-, Italien- oder Spanienurlaub bestens bekannt und weder selten noch bedroht. Tatsächlich stammt die Urform des Esels aber aus Afrika, wo es zwei Unterarten gab, die heute nur noch vereinzelt vorkommen.

Schon vor 6000 Jahren wurde im unteren Nildelta der Nubische Wildesel domestiziert, also zum Haustier gemacht. Er ist wohl der Stammvater aller unserer heutigen Hausesel. Von dort breitete er sich über Nord- und Ostafrika sowie Ägypten bis nach Vorderasien aus. Erst vor 3000 Jahren brachten ihn die Etrusker mit nach Italien und so nach Europa, wo er alsbald als Arbeitshilfe, Fleisch- und Milchlieferant eingesetzt wurde. Die Urform des Nubischen Wildesels ist allerdings seit Jahrzehnten nicht mehr beobachtet worden und gilt als ausgerottet.

Die zweite Unterart, der Somali-Wildesel, war einst in Somalia, Eritrea und Äthiopien verbreitet. Durch die langjährigen Bürgerkriege am Horn von Afrika sind sie allerdings bis auf winzige Restbestände in freier Wildbahn ausgerottet – die Art überdauert in einem Europäischen Erhaltungszuchtprogramm, an dem sich auch die Wilhelma beteiligt, in der »Arche Zoo«, bis die Esel wieder in ihrer einstigen Heimat angesiedelt werden können.

Subtropenterrassen – südländische Landschaften Die Subtropenterrassen oberhalb der Rückseite des Maurischen Landhauses sind klimatisch bevorzugt: Durch ihre sonnenexponierte Lage wachsen hier viele Pflanzen, die unser Klima ansonsten nicht überstehen, zum Beispiel Feigen und Olivenbäume. Rund 400 südländische Pflanzen machen die Terrassen zu einem beliebten Platz. Abgerundet wird einer der schönsten Orte der Wilhelma durch Volieren mit allerlei Papageienarten.

Weitere empfindliche Pflanzen stehen hier im Sommer in Kübeln, verbringen den Winter aber an geschützten Orten – berühmt sind die »fliegenden Palmen« der Wilhelma: Sobald in Stuttgarter Zeitungen alljährlich das Foto des Kranes erscheint, der die Hanfpalmen wieder ins Freie stellt, machen es Abertausende von Hobbygärtnern ebenso; noch nie hat es Nachtfrost gegeben, nachdem die Wilhelma-Gärtner sich entschieden haben, die Palmen ins Freie zu stellen ...

Gekrönt werden die Terrassen von einem kleinen, historischen Pavillon, der den bezeichnenden Namen »Belvedere« trägt.

Schwäbisches Südamerika Auf der Südamerika-Anlage, ganz am Rande der Wilhelma, wo diese an den Rosensteinpark grenzt, finden sich Tierarten, die auch in freier Natur vergesellschaftet sind und die sich über Millionen Jahre seit der Trennung der Kontinente durch die Kontinentaldrift getrennt von ihren Vettern der Alten Welt zu einer eigenen Fauna entwickelt haben, auch wenn die Verwandtschaft oft noch erkennbar ist. Die Südamerika-Anlage wurde erst zur Stuttgarter

Bundesgartenschau 1977 angelegt und anschließend in die Wilhelma eingegliedert.

Südamerikanische Kamele Zwei Arten von Wildkamelen leben in Südamerika – und damit natürlich auch auf der Südamerika-Anlage der Wilhelma: das Vikugna und das Guanako. Aus dem Guanako (*Lama guanacoe*) züchteten schon die alten Indianerkulturen vor 2000 Jahren wiederum zwei Haustierrassen: das Lama und das Alpaka.
Das Lama diente als Lasttier – der Inka-Kultur war bei allen zivilisatorischen Fortschritten die Erfindung des Rades entgangen. Auch heute noch spielt es eine wichtige Rolle im Transportwesen abgelegener Berggegenden. Das Alpaka wurde als Woll-Lieferant gehalten; die aus seinem langen, feinen Fell gewonnene Wolle wird auch heute noch geschätzt, die drei Millionen Alpakas in Peru bringen mehr Geld als die 18 Millionen Schafe des Landes.
Das Vikugna (*Lama vicugna*) dagegen wurde nie als Haustier domestiziert. Dennoch war seine feine Wolle schon im Inkareich noch begehrter als die des Alpakas. Alle drei bis fünf Jahre trieben die Inkas Vikugnas zum Scheren zusammen und ließen sie anschließend wieder frei. Erst die Spanier fingen an, Vikugnas zu bejagen. 1825 wurde unter Bolivar die Jagd wegen zurückgehender Bestände verboten, ging aber trotzdem weiter, so dass 1970 weniger als 10 000 Vikugnas lebten, davon 5000 im peruanischen Reservat Pampas Galeras. Durch gezielte Maßnahmen gelang es zwar, die Bestände etwas zu stabilisieren, dennoch sind Vikugnas auch heute noch vom Aussterben bedroht – regelmäßige Jungtiernachzuchten aus der Wilhelma helfen mit, den Bestand weiter aufzubauen.

Das Sukkulentenhaus – dicke Pflanzen Wenn wir gleich am Eingang der Wilhelma die Behaglichkeit der Gewächshäuser der rauen Außenwelt vorziehen, gelangen wir zunächst in das Kakteen- beziehungsweise Sukkulentenhaus.

KEINE KAKTEEN IN AFRIKA! Vermutlich kennen nicht alle den Unterschied zwischen Kakteen und Wolfsmilchgewächsen (*Euphorbiaceae*) – oder fragen sich jetzt, was diese überhaupt miteinander zu tun haben. Dabei ist alles, was in Afrika als »Kaktus« wächst, kein solcher. Kakteen kommen ursprünglich nur in Amerika vor, die »kaktus«artigen Pflanzen des afrikanischen Kontinents sind dagegen alle Euphorbien – mit einer Ausnahme: Die Kaktus-Gattung *Rhipsalis* kommt außer in Mittel- und Südamerika auch ursprünglich in Afrika und auf Madagaskar vor. Heute sind Kakteen allerdings weiter verbreitet: Mit der Entdeckung Amerikas kamen sie schnell nach Europa. Der Feigenkaktus *Opuntia* gewann im Mittelmeergebiet sogar eine beträchtliche landwirtschaftliche Bedeutung. Eine eigene, den Kakteen nahestehende Familie bilden die Agaven, die heute ebenfalls jeder Mittelmeer-Tourist kennt, die ursprünglich aber auch aus Südamerika stammen. Beeindruckend ist der Blütenschaft, den jede Agave einmal in ihrem Leben hervorbringt und der eine Höhe von 11 Metern erreichen kann, auch in der Wilhelma: Im Gewächshaus wird dann das Glasdach geöffnet und eine Folie darüber gespannt. Beeindruckend ist auch die Wirkung des vergorenen und destillierten Zuckersaftes, der aus Agaven hergestellt wird – und als Tequila auch in Deutschland seine Fans hat. Sehr schöne Vertreter der Kakteen sind auch die Goldkugelkakteen, mächtige Kugeln, die den schönen schwäbischen Volksnamen »Schwiegermuttersitz« tragen ...
Euphorbien oder Wolfsmilchgewächse haben sich parallel zur Entstehung der Kakteen in Afrika entwickelt – da sie gleiche klimatische Bedingungen vorfanden, haben sie ähnliche sukkulente (dickfleischige) Formen entwickelt: dicke, wasserspeichernde Stämme, Sprosse oder Blätter, glatte Oberflächen, zu Dornen umgewandelte Blätter, um die Verdunstung gering zu halten – Konvergenz nennt sich dieses Phänomen ähnlicher Entwicklung nicht verwandter Lebewesen im Laufe der Evolution. In der Wilhelma sind die beiden ähnlichen Pflanzengruppen in verschiedenen Hallen des Sukkulentenhauses zusammengefasst.

Unterschiede gibt es aber natürlich auch: So enthalten Wolfsmilchgewächse den namensgebenden Milchsaft (der übrigens giftig ist) und tragen zum Teil kleine Blätter. Nicht alle Euphorbien sind übrigens sukkulent, das heißt dickfleischig: Auch der bekannte Weihnachtsstern ist eine Euphorbie.

Takin: Ein rinderartiges Ziegengnu Der Takin (*Budorcas taxicolor*) am Rande der Wilhelma, auf dem Weg von den Flusspferden bergauf, ist ein merkwürdig anzuschauendes Tier: ein bisschen Gnu, ein bisschen Elch, ziemlich viel Ziege, etwas Kuh – selbst unter Zoologen ist seine systematische Einordnung umstritten, wegen seines Körperbaus wird er auch Rindergämse oder Gnuziege genannt.

Der Takin lebt in Chinas unzugänglichen, mit Rhododendron und Bambus bewachsenen Gebirgswäldern von 2000 bis 5000 Meter Höhe, weswegen über seine Lebensweise nicht viel bekannt ist. Das soll sich durch die Erforschung in Zoos ändern: Seit 1998 leben die beiden Takins hier, die Zoogeburten sind und aus Berlin stammen. Inzwischen haben sie bereits zum zweiten Mal Nachwuchs in der Wilhelma bekommen, was zeigt, dass sie sich auch in dieser Höhe wohl fühlen.

***Tethya wilhelma* – eine Tierart aus der Wilhelma** Neben den Tieren aus aller Welt gibt es in der Wilhelma tatsächlich auch eine Art, die hier entdeckt und zum ersten Mal beschrieben wurde: ein Schwamm aus den tropischen Becken des Aquariums! *Tethya wilhelma* wurde der kleine Schwamm von zwei Wissenschaftlern des Biologischen Institutes der Universität Stuttgart nach dem Ort seiner Entdeckung genannt, die sich in ihrer Forschungsarbeit intensiv mit diesen Vielzellern beschäftigen.

Schwämme sind relativ einfach aufgebaute Tiere, die hauptsächlich im Meer, aber auch im Süßwasser leben. Vermutlich gibt es mehrere zehntausend Arten von Schwämmen, von denen die meisten noch gar nicht beschrieben sind. Als festsitzende Tiere haben sie im Laufe der Evolution eine besondere Art der Ernährungsform entwickelt. Dazu besitzen Schwämme in ihrem Innern Millionen von kleinen Zellen, die mit Hilfe von Geißeln einen Wasserstrom durch den Körper erzeugen. Die vielen kleinen Poren an der Körperoberfläche sind die Ein- und Ausströmöffnungen. Von diesen Poren haben die Schwämme ihren lateinischen Namen *Porifera*, Porenträger. Plankton wird mit dem Wasser eingeströmt und herausgefiltert, wovon sich dann der Schwamm ernährt.

Schwämme sind den meisten nur als Badeschwamm ein Begriff. Was wir in der Badewanne benutzen, sind allerdings nur die Überreste des Skeletts der abgestorbenen Tiere. Mit dem Badeschwamm ist *Tethya wilhelma* zwar verwandt, hat jedoch sonst mit ihm nicht viel zu tun. *Tethya* ist viel kleiner, meistens nur zwischen einem und vier Zentimetern im Durchmesser. Der Körper ist kugelrund und weiß. Die Forscher entdeckten diesen kleinen Schwamm durch Zufall in der Wilhelma – und mussten nach langen Bestimmungsbemühungen feststellen, dass sie eine bisher unbekannte Schwammart entdeckt hatten. Woher der Schwamm in die Wilhelma kam – als blinder Passagier mit Steinen oder Pflanzen – und wo er ursprünglich lebt, ist bis heute nicht bekannt.

Tiger – bald nur noch im Zoo? Die größte Anlage des Raubtierhauses bewohnt der Sumatratiger (*Panthera tigris*), eine kleinere der ehemals acht Unterarten und der kleinste Vertreter der Tiger in Indonesien – heute allerdings auch der letzte, da sowohl Javatiger als auch Balitiger bereits ausgestorben sind. Auch der Kaspi- oder Turantiger teilt dieses Schicksal. Heute gibt es schätzungsweise nur noch 500 frei lebende Sumatratiger, so dass ein Erhaltungszuchtprogramm – an dem sich die Wilhelma beteiligt – die letzte Chance für ein Überleben dieser Art bietet. Da sein Lebensraum durch die Vernichtung großer Waldgebiete zusehends schwindet, wird die Art vermutlich nur im Zoo überleben.

Bis 1995 lebten auch Sibirische oder Amur-Tiger in der Wilhelma. Mit dem Abriss der alten Tigeranlage wurde aber auf die Haltung dieser

Art verzichtet – wichtiger als Artenreichtum ist modernen Zoos wie der Wilhelma heute die Haltung intakter Gruppen in möglichst artgerechter Umgebung.

Tiger sind in freier Wildbahn aber nicht nur durch die Zerstörung des Lebensraumes mit dem gleichzeitigen Verschwinden ihrer Beutetiere bedroht, sondern auch direkt durch Wilderer: Obwohl die Jagd auf Tiger und der Handel mit Tigerprodukten seit 1975 verboten sind, spielen nahezu alle Körperteile weiterhin eine große Rolle in der traditionellen chinesischen Medizin. Knochen, Zähnen, selbst Augäpfeln, Barthaaren und Hoden werden Heilkräfte bei Kopfschmerzen, Epilepsie, Rheumatismus und natürlich Sexualproblemen zugeschrieben. Von allen Tigerarten zusammen gibt es lediglich noch 5000 bis 8000 Tiere, eine erschreckend geringe Zahl. Der Europäische Zooverband startete daher nach der »Bushmeat«- eine Tiger-Kampagne und kooperiert mit dem Projekt »21st Century Tiger«, das den Erhalt wild lebender Tiger im 21. Jahrhundert sichern will. Natürlich ist auch die Wilhelma mit dabei: Im Raubtierhaus werden Besucher über Tiger und die Kampagne informiert, Tierpfleger geben im Anschluss an die Fütterungen Auskunft. Konkret fördert die Wilhelma mit Spendengeldern der Besucher den Kerinci-Seblat-Nationalpark auf Sumatra.

Das Trampeltier – »eierlegende Wollmilchsau« Vielleicht fragen Sie sich, warum eigentlich auf dem Schaubauernhof Kamele stehen? Der Grund: Das zweihöckrige Kamel oder Trampeltier (*Camelius bactrianus*) ist in Vorderasien als »eierlegende Wollmilchsau« eine wichtige Haustierrasse. Zwar legt es als Säugetier natürlich keine Eier, aber es wird als Lastenträger und als Reittier eingesetzt, liefert Wolle, Milch – und Fleisch. Die Haut der Höcker ist nicht so elastisch wie die der Dromedare (*Camelus dromedarius*); aus diesem Grund kippen die Höcker bei älteren oder nicht optimal ernährten Trampeltieren leicht zur Seite.

Eine kleine Population von etwa 1000 Wildkamelen lebt heute noch in den Wüsten Gobi und Takla-Makan in China. Domestizierte Tram-

peltiere werden in China, der Mongolei, im Süden der ehemaligen Sowjetunion, in Afghanistan, dem Iran und der Türkei als Nutztiere gehalten.

Die beiden Kamelarten Dromedar und Trampeltier lassen sich übrigens untereinander kreuzen – dabei sind lediglich »technische« Hindernisse zu überwinden: So verliert der kurzbeinige Trampeltierhengst leicht das Gleichgewicht beim Decken der Dromedarstute; bei der Paarung eines Trampeltierweibchens mit einem Dromedarmännchen kann der hintere Höcker der Stute verletzt werden. Die Bastarde aus diesen Kreuzungen besitzen einen einzelnen, langgestreckten Höcker und können sich ihrerseits wieder fortpflanzen, was für Mischlinge verschiedener Arten äußerst ungewöhnlich ist.

Tropenhaus – Ananas und Orchideen Im Tropenhaus, wo im Sommer durchgehend 25 Grad Celsius, im Winter mindestens 16 Grad Celsius herrschen, wird ein breiter Querschnitt typischer tropischer Pflanzen gezeigt. Auffällig sind die zahlreichen Ananasgewächse (*Bromeliaceen*), die als Epiphythen (»Aufsitzpflanzen«) vor allem auf Bäumen wachsen – wo sie allerdings nicht schmarotzen, sondern sich sozusagen nur »ans Licht drängeln«. Auch die Ananas gehört – wie der Name schon sagt – natürlich zu dieser Familie.

In zwei Vitrinen präsentiert sich daneben eine Auswahl an tropischen Orchideen, von denen die Wilhelma eine umfangreiche und berühmte Sammlung ihr Eigen nennen darf. Die neidische Besucherin sei getröstet ob des Vergleichs mit der heimischen, möglicherweise kümmerlicheren Fensterbank: Aus mehreren, nicht öffentlich zugänglichen Anzuchthäusern werden bei Bedarf täglich die prachtvollsten Exemplare ausgewählt und dem staunenden Publikum in diesen Schauvitrinen präsentiert.

FLEISCHFRESSENDE PFLANZEN Pflanzen, die Tiere verzehren, üben eine besondere Faszination auf Menschen aus, stellen sie doch scheinbar den Lauf der Welt auf den Kopf. Diese Art, sich zu ernähren, ist eine Anpassung an die Nährstoffarmut bestimmter Böden – nur

Pflanzen, die in der Lage waren, sich zusätzliche Stickstoffquellen zu erschließen, konnten diese nahezu unfruchtbaren Böden als so genannte ökologische Nischen besiedeln.
In den Gewächshäusern des Tropenhauses stoßen wir auf insektenfangende Pflanzen, die mit einer unspektakulären, aber wirkungsvollen Methode arbeiten: die Kannenpflanze *Nepenthes*. Sie wächst in den nebligen Tropenwäldern der Alten Welt von Madagaskar über Südostasien bis Australien. Die an Kletterranken hängenden, umgebildeten Blätter der Kannenpflanze bilden Grubenfallen, welche durch optische Signale und ein Nektarangebot an der Kannenöffnung Insekten anlocken. Der Kannenrand selbst ist mit einer glatten Wachsschicht überzogen, auf der es für Insekten kein Halten gibt. Sobald die Tiere in die flüssigkeitsgefüllte Kanne gefallen sind, gibt es für sie kein Entrinnen mehr, der in der Flüssigkeit enthaltene Verdauungssaft löst die Tiere innerhalb von Stunden oder Tagen auf.
Raffiniert ist der über der Kanne angebrachte kleine Blattdeckel: Er verhindert, dass es in die Blattfallen hineinregnet, was den Verdauungssaft verdünnen würde. Noch raffinierter sind einige Spinnenarten: Sie leben innerhalb der Falle – und schnappen der Pflanze ihre Insektenbeute weg ...

Der Tukan ist kein »Pfefferfresser« In einer Voliere zwischen den Sukkulenten- und dem Tropenhaus stoßen wir auf ein Paar Fischertukane (*Ramphastos sulfuratus*). Tukane oder Arasaris leben in Mittel- und Südamerika. Sie sind Verwandte unserer heimischen Spechte; mit den ähnlich aussehenden afrikanischen Hornvögeln sind sie nicht näher verwandt. Auffälligstes Merkmal der Tukane ist der große, meist bunt gefärbte Schnabel, der in erster Linie Signalfunktion hat, aber auch bei der Nahrungssuche geschickt als Werkzeug eingesetzt wird. Tukane ernähren sich von Früchten, Knospen und Blüten, verzehren zur Brutzeit aber auch Insekten, Vogeleier und kleinere Wirbeltiere. Irreführend ist ihr alter deutscher Name »Pfefferfresser« – Paprika- oder Pfefferschoten finden sich gewöhnlich nicht auf ihrem Speiseplan.

Außer hier zwischen subtropischen und tropischen Pflanzen finden wir den Tukan in der Wilhelma noch ein weiteres Mal, sozusagen in seiner natürlichen Umgebung: im Amazonienhaus.

Der Waldrapp – komischer Vogel Am Rande der Anlage für Bären und Klettertiere finden wir in einem Gehege mit einem malerischen Wasserfall einen selten hässlichen und extrem seltenen Vogel: den Waldrapp oder Schopfibis (*Geronticus eremita* ‚der »greise Einsiedler« so sieht er auch aus ...). Er war wohl das Vorbild für den »Nachtkrapp«, der unartige schwäbische Kinder in der Nacht holen mag, wenn es nach den Drohungen entnervter Eltern ginge. Dieser Stelzvogel, der heute nur noch in einigen wenigen Kolonien in Marokko lebt, war früher auch in Süddeutschland heimisch. In der ersten Hälfte des 17. Jahrhunderts wurde die Art in Europa ausgerottet – vor allem die Jungvögel galten als Delikatesse und wurden in großer Zahl aus den Nestern geraubt.

Dem Zoo von Basel gelang es als erstem, mit importierten Vögeln aus Marokko eine erfolgreiche Nachzucht zu starten. Mit Wiederaussiedlungen aus dieser Nachzucht und der aus anderen Zoos wie der Wilhelma, die sich zu einem Erhaltungszuchtprogramm zusammenfanden, gelang es, die Zahl der Waldrapp-Kolonien auf 40 und die der frei lebenden Vögel auf 700 zu erhöhen. Selbstverständlich ist das Überleben der Art aber auch bei solch kleinen Zahlen noch äußerst bedroht, so dass es viele Jahre der Anstrengung bedarf, die Populationen wieder zu stabilisieren.

Wasserschweine und Pampashasen Das Wasserschwein oder Capybara (*Hydrochoerus hydrochaeris*) auf der Südamerika-Anlage sieht nicht nur aus wie ein aufgeblasenes Meerschweinchen, es ist tatsächlich das größte heute lebende Nagetier und erreicht ein Gewicht von bis zu 50 Kilogramm. Es bewohnt in Familienverbänden oder Herden mit rund 20 Mitgliedern dichte Wälder mit reichlich Unterholz in der Nähe von Teichen, Seen und Flüssen. Wasserschweine sind hervor-

ragende Schwimmer und Taucher, die minutenlang unter Wasser bleiben können. Bei Gefahr retten sie sich daher in das nasse Element, wenn sie nicht in langen Sätzen entkommen können.
Auch die Maras oder Pampashasen (*Dolichotis patagonum*) sind Verwandte des Meerschweinchens und keine Hasen. Sie leben in den Pampas, baumlosen Trockensteppen und anderen Halbwüsten Argentiniens und Patagoniens. Tagsüber liegen sie – auch in der Wilhelma – gern in der Sonne, richtig aktiv werden sie erst in der Nacht.

Der Wintergarten – Hightech im »Ländle« Die Idee des Wintergartens war dazu gedacht, auch im Winter unter exotischen Pflanzen lustwandeln zu können – man hielt sich deshalb Orangen und andere Zitrusgewächse (daher auch der Name »Orangerie«) in Pflanzkübeln, die im Sommer draußen standen, im Winter aber in Gewächshäuser getragen wurden. Heute trägt der »Wintergarten« zwischen dem Sukkulenten- und dem Azaleenhaus diesen Namen eigentlich nicht mehr zu Recht, da die Gewächse hier nun fest eingepflanzt sind.
Der Wintergarten war 1852/53 das zuletzt fertig gestellte Bauteil der zentralen Wilhelma nach Zanth'scher Planung. Die Konstruktion des Wintergartens erregte Mitte des 19. Jahrhunderts Aufsehen als neue Bauweise: Gusseisengerüste mit Verglasung in diesen Dimensionen kannte man nur aus dem Brückenbau und dem »Kristallpalast« auf der Weltausstellung 1851 in London – und nun aus der königlichen Anlage am Neckarufer! Erst 1867 folgte die Galerie »Vittorio Emanuele« in Mailand, 1889 dann der Eiffelturm auf der Weltausstellung in Paris. Auch heute noch wirkt die Konstruktion des Wintergartens beeindruckend und bildet die Kulisse für einen der schönsten Plätze in der Wilhelma.
MOOSFARN – EINE PRIMITIVE PFLANZE Der Boden des Wintergartens ist heute von *Selaginella*, einem Moosfarn, bedeckt. Selaginella ist eine primitive, das heißt sehr ursprüngliche Pflanze aus der alten Verwandtschaft der Moose und Farne – schon die Dinosaurier stapften durch Farnwälder. Als Bärlappgewächs wächst es ständig an der

Oberseite nach, während es gleichzeitig unten abstirbt. Damit die Pflanzen nicht umfallen, werden sie von Gärtnern mit Sand eingestreut, so dass nur die jeweils lebendigen oberen drei Zentimeter herausschauen – so lange, bis der zu hoch gewordene Sandhügel komplett abgeräumt und der Boden neu bepflanzt wird. Gepflanzt wird der Moosfarn hier, um eine geschlossene grüne, hübsch anzuschauende Bodendecke zu schaffen – für Gras würde das Licht, gefiltert durch das Gewächshausglas, nicht ausreichen.

WER BIEGT DIE BANANEN KRUMM? Mitten aus dem Moosfarn erheben sich einige Bananenstauden – keine Bananen«bäume«, denn ihre Stämme bestehen nur aus der zusammengerollten Blattscheide und sind nicht verholzt. Sie sind auch nur für eine begrenzte Haltbarkeit ausgelegt: Die Bananenpflanze wächst zwei oder drei Jahre, blüht dann einmal, trägt Früchte – und stirbt ab. Die nächste Generation der »Kindl« genannten Wurzelableger schaut dabei schon mit dem Spitzen heraus – heute übrigens die einzige Möglichkeit der meisten Bananenarten, sich fortzupflanzen, da die Samenanlagen in den Früchten verloren gegangen sind.

Diese Früchte ohne Samen sind eine merkwürdige Sache: Eigentlich produziert die Pflanze ihre Bananen schließlich nicht, damit Affen oder Menschen etwas zu essen haben, sondern will damit die Verbreitung ihrer Samen erreichen – wobei diese Formulierung natürlich unzulässig ist, da die Pflanze dieses nicht bewusst tut, sondern dieses Tun einen Selektionsvorteil während der Evolution darstellte, so dass sich entsprechende Neubildungen erfolgreicher vermehren konnten. Die Möglichkeit, Samenkerne auszubilden, ist jedenfalls durch einen unbekannten Zufall verloren gegangen; wer heute eine quer geschnittene Banane anschaut, erkennt noch die dunklen Punkte, an denen ursprünglich die Samen lagen, aber keine Kerne mehr.

Interessant ist natürlich noch die alte Frage, wer denn nun eigentlich die Bananen krumm biege – es ist die Banane selbst! Die einzelnen Früchte, die sich nach der Befruchtung an den Blütenständen entwickeln, wachsen zunächst waagerecht von den Blütenständen weg, bis sie nach ei-

niger Zeit nach oben wachsen und sich so selber verbiegen. Vermutlich orientieren sie sich dabei nicht am Licht, sondern an der Schwerkraft, entgegen der sie dann ihr Wachstum ausrichten. Warum sie aber dieses tun – das ist wieder eine andere Frage …

Wisent: Europäischer Büffel In der hintersten Ecke des Schaubauernhofes finden wir Wisente. Das Wisent (*Bison bonasus*) ist heute das schwerste Landsäugetier Europas und die einzige Wildrindart, die in Europa überlebt hat. Ohne die Erhaltungszucht in Menschenhand wäre auch sie schon lange ausgestorben, so wie das andere europäische Wildrind, der Auerochse oder Ur (*Bos primigenius*), Vorfahre unserer Hausrinder; die letzte bekannte Ur-Kuh starb 1627.

Bis zum Anfang des 20. Jahrhunderts gab es das Wisent noch in zwei Unterarten, dem Flachland- und dem Kaukasus-Wisent. Die Kaukasus-Form ist allerdings seit 1920 ausgestorben, und auch das Flachland-Wisent lebt seit 1942 nicht mehr wild in seinem Verbreitungsgebiet. Alle Wisente, die heute wieder in Osteuropa leben, stammen von in Gefangenschaft gezüchteten Tieren: 1923 wurde dazu (nach dem Vorbild der »Amerikanischen Bisongesellschaft«) die »Internationale Gesellschaft zur Erhaltung des Wisents« gegründet – 1956 wilderte man einige Exemplare aus Zoos im Urwald von Bialowieza in Ostpolen aus, die sich seither erfreulicherweise vermehrt haben. Insgesamt gibt es heute mehr als 1000 Wisente in Zoos und doppelt so viele freilebend in Reservaten.

Warum das Zebra Streifen hat Zurück vom Rundgang durch den Schaubauernhof, kommen wir zum Gehege der bekannten Streifenpferde. Warum das Zebra (mit den Arten *Equus zebra*, *E. quagga* und *E. grevyi*) Streifen hat, ist eine Geschichte, wie sie nur die Evolution schreiben kann.

Zu Kolonialzeiten wollten die Europäer gern Pferde nach Afrika exportieren, damit man dort bequem zur Jagd reiten könne. Die Pferde wurden allerdings schnell von der Tse-Tse-Fliege gestochen und erkrankten an der Nagana-Seuche, die beim Menschen »Schlafkrankheit« genannt wird – Zebras erkranken äußerst selten daran. Nachdem man jahrzehntelang weder einen biochemischen Unterschied zwischen Zebras und Pferden fand, noch es gelang, alternativ eben Zebras zur Jagd zuzureiten, kam man erst in den 1960er Jahren hinter das Geheimnis: Tse-Tse-Fliegen können das gestreifte Zebra mit ihren Facettenaugen kaum erkennen – und fliegen diese darum überhaupt nicht an! Ein Zebra, das von einer Tse-Tse-Fliege gesehen und gestochen wird, erkrankt wie andere Pferde!

Als die Pferde von Asien nach Afrika einwanderten, lebte dort bereits die Tse-Tse-Fliege. Gestreifte Pferde waren im Vorteil, da sie verschont blieben und sich daher erfolgreicher fortpflanzen konnten – bis sich schließlich die Streifung allgemein durchgesetzt hatte.

Das früher in Südafrika weit verbreitete, seit 1878 durch Menschenhand ausgerottete Quagga (*Equus quagga quagga*; das letzte Zootier starb 1883) hatte, obwohl eng mit dem Zebra verwandt, übrigens nur sehr wenige Streifen – und dadurch trotzdem keinen Nachteil, da die Tse-Tse-Fliege in Südafrika nicht vorkommt!

Zitteraal – Leben unter Strom Vor dem Becken des Zitteraals (*Electrophorus electricus* – der »elektrische Stromträger«) sammeln sich im Aquarium regelmäßig Besuchertrauben, um das elektrische Geknatter erstaunt zu verfolgen: Durch Messfühler im Wasser werden die Entladungen des Fisches erfasst, durch eine Lichtanzeige dargestellt und über einen Lautsprecher hörbar gemacht.

Der Zitteraal ist allerdings kein Aal, sondern ein Messerfisch aus der Gruppe der Karpfenartigen. Er ist der einzige Vertreter der Familie der Elektrischen Aale (*Electrophoridae*), wobei es in anderen Familien (Welse, Rochen) ebenfalls elektrisch aktive Vertreter gibt.

In seinem natürlichen Lebensraum nutzt der bis 2,80 Meter lange, südamerikanische Fisch seine elektrischen Fähigkeiten vor allem, um sich zu orientieren: Beeinflussungen des elektrischen Feldes durch die Umgebung erlauben es dem Zitteraal, sich auch ohne Sicht zurechtzufinden. Neben diesem häufigen Einsatz kleiner Entladungen, die auf der Anzeige als permanentes Knattern wahrzunehmen sind, setzt er auch stärkere Entladungen ein, um seine Beute (Fische, Amphibien und kleine Säugetiere) zu betäuben. Die Spannung (bis zu 800 Volt bei bis zu zwei Ampère) wird in speziellen elektrischen Organen erzeugt, die vier Fünftel des gesamten Körpers einnehmen und aus umgewandelten Muskelzellen aufgebaut sind – schließlich arbeiten auch unsere Muskeln mit (wenngleich wesentlich kleineren) Spannungsimpulsen.

Die elektrischen Fähigkeiten von Fischen sind schon länger bekannt – Abbildungen von Zitterwelsen finden sich in ägyptischen Grabkammern, die Römer benutzten Zitterrochen (die es auf 200 Volt bringen) für therapeutische Zwecke. Auch Alexander von Humboldt fing auf seiner Südamerika-Reise einige der Fische; dazu wurden diese durch ins Wasser gejagte Pferde und Maultiere ermattet und entladen (wobei einige Pferde umkamen), bevor man die Aale an Land zog. Selbst dann empfand Humboldt nach der unvorsichtigen Berührung eines Fisches noch den ganzen Tag »Schmerzen in den Gelenken«.

Gefährdete Zwergflusspferde Das Zwergflusspferd (*Choeropsis liberiensis*) sieht auf den ersten Blick aus wie eine kleinere Ausgabe des großen Verwandten im daneben liegenden Gehege – und weist auf den zweiten doch einige Unterschiede auf. So ist es zum Beispiel nicht so gut an das Leben im Wasser angepasst, wie die Stellung der Augen seitlich am Kopf zeigt, im Gegensatz zu seinem großen Vetter, der sie in nach oben ragenden Augenhöhlen oben auf dem Schädel trägt. Da es sich auch von den Körperproportionen, dem Lebensraum und im Verhalten unterscheidet, wurde das Zwergflusspferd einer eigenen Gattung zugeordnet.

Da das Zwergflusspferd nur in einem kleinen Gebiet in Westafrika vorkommt und dort stark verfolgt wird, ist es in seinem Bestand bedroht.

Zwergseidenäffchen Im Jungtieraufzuchthaus lebt das Zwergseidenäffchen (*Cebuella pygmaea*) aus der Familie der Krallenäffchen. Auch ausgewachsen ist es mit einer Kopf-Rumpf-Länge von 14 bis 18 und einer Schwanzlänge von 15 bis 20 Zentimetern der kleinste echte Affe der Welt. Sein Trillern und Zwitschern erinnert eher an Vogelstimmen oder Insektenzirpen als an die Laute eines Primaten. Das Junge ist sogar noch wesentlich winziger – bei der Geburt so groß wie eine Bohne! Die Jungen werden übrigens nach der Geburt sofort vom Vater übernommen, der sie nur noch zum Stillen der Mutter übergibt.

DER ZOO ALS ARCHE – Aufgaben eines modernen Zoos

Viele Zoos koordinieren heute weltweit internationale Zuchtbücher zur Erhaltung bedrohter Tierarten – für über 120 Arten am Rande des Aussterbens oft die letzte Chance auf Rettung, bevor sie unwiederbringlich von der Erde verschwinden. In der Wilhelma sind es über 50 Tierarten, vom Menschenaffen über den Sumatratiger, den Schneeleopard, den Somali-Wildesel oder das Panzernashorn, die im Rahmen von Europäischen Erhaltungszuchtprogrammen betreut werden. Dabei wird neben der erfolgreichen Nachzucht Wert darauf gelegt, dass die genetische Vielfalt so weit wie möglich erhalten und Inzucht vermieden wird – die Aufgaben eines Zoos haben sich offensichtlich von den ersten Anfängen bis heute verändert.

Seit dem Mittelalter gab es an vielen europäischen Fürstenhöfen Tierhaltungen, als Bärenzwinger, Wolfsgruben oder Hirschgräben. Kaiser Karl der Große unterhielt eine private Menagerie in Aachen; Friedrich II. von Hohenstaufen, der zoologisch interessierteste unter den deutschen Kaisern, nannte Fasanerien und Tiergehege sein Eigen und schickte Wandermenagerien mit exotischen Tieren wie Löwen und Giraffen in befreundete Städte. 1451 wurde zum ersten

Mal eine Menagerie in Stuttgart als »Tiergarth« bezeichnet. In den Fuggergärten in Augsburg baute man die um 1500 angelegte Menagerie 1570 zu einem der ersten Zoos in Europa aus. Auch in anderen europäischen Städten wurden größere Zwinger mit Wildtieren angelegt.

Die Europäer kamen als rücksichtslose Eroberer nach Afrika, Indien und Amerika, versklavten die Menschen und brachten wilde Tiere als »Trophäen« mit nach Hause. Die Tiere (Löwen, Tiger, Affen, Elefanten) wurden in engen Käfigen gehalten und einem staunenden Publikum als »Bestien« vorgeführt. Viele starben entweder schon auf dem Transport oder nach kurzer Gefangenschaft – sie wurden einfach durch neu gefangene Tiere ersetzt.

Dieses Zur-Schau-Stellen von Tieren änderte sich erst Mitte des 20. Jahrhunderts, als biologische Erkenntnisse und Ergebnisse der modernen Verhaltensforschung in die Gestaltung moderner Zoos einflossen. Aus Zwingern und Käfigen wurden Gehege, die den Tieren eigene Territorien bieten, in denen sie sich auch gelegentlich den Augen der Besucher entziehen können. Oft werden dort Tiere zusammen gehalten, die auch in freier Natur zusammen leben. In diesen naturnahen Gehegen können angeborene Verhaltensweisen von Wissenschaftlern beobachtet werden, oft besser als in ihrer natürlichen Umgebung, so dass viele Fortschritte der Biologie in Zoos erarbeitet werden konnten. In vielen Fällen liegt das durchschnittlich erreichte Alter der Tiere im Zoo höher als jenes in freier Wildbahn. Dies resultiert aus der Beschreibung erfolgreicher Haltungsbedingungen zahlreicher Wildtiere, der Erforschung von Tierkrankheiten und ihrer Behandlung sowie dem verbesserten Verständnis von artgerechter Fütterung. Die ursprünglich für Menschenaugen gebauten Elefantenpagoden und Raubtiertempel verschwanden, sofern sie nicht – wie im am längsten ununterbrochen bestehenden Zoo, dem 1752 von Kaiser Franz I. an Kaiserin Maria Theresia geschenkten Tiergarten in Schönbrunn bei Wien – unter Denkmalschutz stehen. 1904 gründete Carl Hagenbeck in Hamburg den ersten Zoo mit gitterlosen Freianlagen in Europa. Für

viele Tiere dient der Zoo heute auch als »Arche« – letzte Zuflucht bedrohter Arten, die in ihrem ursprünglichen Lebensraum bereits ausgestorben sind. Beispiele erfolgreicher Wiederansiedlungen wie die von Steinbock, Wisent und anderen belegen die Richtigkeit des Konzeptes – auch wenn es angesichts globaler Umweltveränderungen natürlich nur begrenzt wirksam sein kann.
Und nicht zuletzt dient ein Zoo auch heute noch dazu, Kinder und Erwachsene für fremde Tiere zu interessieren und zu begeistern, denn nur was man kennt, kann man schätzen und würde man vermissen – und so wird vielleicht der eine oder die andere nach ersten Naturkontakten im Zoo dazu beitragen, den Reichtum der Natur auch in Zukunft zu verteidigen.

Systematische Einordnung der Tiere und Pflanzen Die systematische Ordnung des Tier- und Pflanzenreiches geht zurück auf den schwedischen Naturforscher Carl von Linné (1707–1778), der 1739 mit einem Kreis von Gelehrten die schwedische Akademie der Wissenschaften gründete, die noch heute die Nobelpreise vergibt. Linné wurde ihr erster Präsident.
In seinem Hauptwerk, dem *Systema naturae* (System der Natur, 1735) stellt Linné die drei Naturreiche Steine, Pflanzen und Tiere vor. Darin beschrieb er eine neue Bestimmungsmethode für Pflanzen nach der Struktur der Blütenorgane (Bütenblätter, Staubblätter, Stempel). Linné ist heute vor allem bekannt wegen der Einführung der binären Nomenklatur für Arten (*Philosophia botanica*, 1751). Dabei wird jede Art mit einem Doppelnamen angesprochen (wie Nachnamen und Vornamen bei uns Menschen). Der erste Name gibt die Gattung an, der zweite die Art (z. B. *Homo sapiens*). Für die Zoologie leistete Linné dasselbe erst in seiner 10. Auflage seiner *Systema naturae* (1758). Nach Linnés Überzeugung brachte die weltweite Artbestandsaufnahme die Systematiker dem Ziel näher, den ursprünglichen Schöpfungsplan zu erkennen und so ein natürliches System aufzustellen.

Das natürliche System ist selbst bei relativ kleinen Gruppen gut untersuchter Großtiere schwer zu klären, oft ist die systematische Einordnung umstritten. Die Systematik der in diesem Buch besprochenen Wilhelma-Arten richtet sich nach Grzimeks Tierleben, andere (auch aktuellere) Quellen stellen verschiedene Arten eventuell in etwas unterschiedliche Verwandtschaftsbeziehungen – wie überall in der Wissenschaft ist auch hier vieles ständig in Bewegung.

Kurze Geschichte der Wilhelma

1806	Württemberg wird Königreich.
1816	Wilhelm I. wird nach dem Tod seines Vaters Friedrich I. mit 35 Jahren König von Württemberg.
1824	Baubeginn von Schloss Rosenstein und des gleichnamigen Parks.
1829	Bei Bauarbeiten wird Mineralwasser im Rosensteinpark entdeckt. König Wilhelm I. wünscht den Bau eines »Badhauses«.
1837	Der Architekt Karl Ludwig von Zanth beginnt mit Entwürfen für die königliche Anlage.
1842	Beginn der Bauarbeiten des »Badhauses«.
1846	Einweihung der bisher fertig gestellten Anlage anlässlich der Hochzeit des württembergischen Kronprinzen Karl.
1853	Fertigstellung des zentralen »Wilhelma«-Teils nach Zanth'scher Planung mit der Errichtung des Wintergartens.
1857	Zanth stirbt im Alter von 61 Jahren.
1864	Fertigstellung der »Damaszenerhalle« nach ergänzenden Plänen des Architekten Bäumer, Abschluss der Arbeiten an der historischen Wilhelma.
	Wilhelm I. stirbt auf Schloss Rosenstein im Alter von 82 Jahren; sein Sohn Karl wird württembergischer König; dieser bleibt kinderlos.
1891	Wilhelm II. wird letzter König von Württemberg; er ist ein Sohn von Wilhelms I. Tochter Katharina.

1918/19	Die Wilhelma wird nach Ende der Monarchie Staatsbesitz. Sie wird als botanischer Schaugarten weitergeführt.
1933	Albert Schöchle wird Leiter der Wilhelma.
1944	Die Wilhelma wird am 19. und 20. Oktober bei Luftangriffen fast vollständig zerstört.
1945–48	Gemüseanbau für Stuttgarter Krankenhäuser.
1949	Wiedereröffnung der Wilhelma.
1951	Mit der Sonderschau »Afrikanische Steppentiere« beginnt die Haltung von Giraffen, Zebras und Antilopen.
1952	Sonderschau »Indische Dschungeltiere« – die ersten Elefanten und Tiger.
1953	Eröffnung von Kleinraubtierhaus und Affenspielanlage als erste feste Anlagen.
1956	Gründung des »Vereins der Freunde und Förderer der Wilhelma e.V.«
1958	Drei Schimpansen als erste Menschenaffen in der Wilhelma.
1967	Eröffnung des Aquarium-Terrarium-Baus mit Krokodilhalle.
1970	Wilbert Neugebauer wird Wilhelma-Direktor.
1977	Erweiterung der Wilhelma um die Südamerika-Anlage im Rahmen der Bundesgartenschau in Stuttgart.
1978	Doppeljubiläum: 125 Jahre Wilhelma, 25 Jahre zoologisch-botanischer Garten.
1989	Dieter Jauch wird Direktor der Wilhelma.
1991	Eröffnung der Anlage für Bären und Klettertiere.
1994	Der zur IGA 1993 eröffnete Schaubauernhof wird Teil der Wilhelma.
2000	Eröffnung des Amazonienhauses.
2002	Eröffnung des Insektariums mit Schmetterlinghaus.

Quellen und Literatur

Akimuschkin: Launen der Natur. VEB Brockhaus, 1988.

Blase: Die Jägerprüfung. Edition Jafona, Quelle & Mayer, 2001.

Borst: Geschichte Baden-Württembergs. Theiss, 2004.

Delouche: Das Europäische Geschichtsbuch. Klett-Cotta, 1998.

Fintelmann/Weiss: Lehrbuch der Phytotherapie. Hippokrates, 2002.

Franke: Nutzpflanzenkunde. Georg Thieme, 1985.

Jauch: Wilhelma. Der zoologisch-botanische Garten in Stuttgart. Stehn'sche Buch- und Verlagshandlung, 2004/2005.

John: Die königlichen Gärten des 19. Jahrhunderts in Stuttgart. Wernersche Verlagsgesellschaft, 2000.

Gerhadt: Stuttgarts Kleinod. Die Geschichte des Schloßgartens, Rosensteins sowie der Wilhelma. Silberburg, 1936.

Gorgas/Schweinberger: Tiere, Kaiser, Anekdoten. Von Fuggers Menagerie zum Großstadtzoo. Vindelica, 1986.

Gould: Wie das Zebra zu seinen Streifen kam. Birkhäuser, 1986.

Grzimeks Tierleben, Band 1–13. DTV, 1993.

Henstchel/Wagner: Zoologisches Wörterbuch. UTB, Gustav Fischer, 1984.

Krebs: Vor und nach der Jägerprüfung. BLV, 2000.

Kull: Evolution. Metzler, 1984.

Neugebauer: Die Wilhelma. Ein Paradies in der Stadt. Theiss, 1993.

Neugebauer/Jauch: Wilhelma, zoologisch-botanischer Garten Stuttgart. Stehn'sche Buch- und Verlagshandlung, 40. Auflage.

o. Autor: Lebendige Wildnis (Reihe). Das Beste, 1992–1995.

Pahlow: Das große Buch der Heilpflanzen. Bechtermünz, 2001.

Pies-Schulz-Hofen: Die Tierpflegerausbildung. Parey, 2004.

Poley (Hrsg.): Berichte aus der Arche. TRIAS, 1993.

Sambraus, Steiger (Hrsg.): Das Buch vom Tierschutz. Enke, 1997.

Scharpf: Affenkinder in der Wilhelma. Radius, 2000.

Schmidt: König Wilhelm von Württemberg in seinen ländlichen Beschäftigungen. Ebner und Seubert, 1865

Sielmann: Das Wild unserer Wälder und Felder. Parey, 1981.

Schöchle: Das Schlitzohr. Bekenntnisse eines leidenschaftlichen Gärtners und Tierfreunds. Theiss, 1981.

Stern: Rettet die Wildtiere. Pro Natur, 1980.

Stichmann-Marny: Der neue Kosmos Tier- und Pflanzenführer. Franckh-Kosmos, 2000.

Strasburger: Lehrbuch der Botanik. Gustav Fischer, 1983.

Taylor: Das Geheimnis der Evolution. S. Fischer, 1983.

Waßner: Kleine Geschichte Baden-Württembergs. Theiss, 2002.

Whitfield: Das große Weltreich der Tiere. Das Beste, 1988.

INFORMATIONEN FÜR BESUCHER

Adresse

Zoologisch-Botanischer Garten Wilhelma Stuttgart
Neckartalstraße, 70376 Stuttgart-Bad Cannstatt
www.wilhelma.de

Öffnungszeiten

Die Wilhelma ist zu allen Jahreszeiten täglich morgens ab 8.15 Uhr geöffnet. Der Park wird mit Einbruch der Dunkelheit, spätestens jedoch um 20.00 Uhr geschlossen.

MAI–AUG.	APR. + SEPT.	MÄRZ + OKT.	NOV.–FEB.
HAUPTEINGANG			
8.15–18.00	8.15–17.30	8.15–17.00	8.15–16.00
OBERER EINGANG			
9.00–16.30	9.00–16.30	9.00–16.30	9.00–16.00
EINGANG PRAGSTRASSE			
10.00–16.00	10.00–16.00	10.00–16.00	10.00–16.00
TIERHÄUSER			
8.15–18.45	8.15–18.15	8.15–17.45	8.15–16.45
AQUARIUM			
9.00–19.00	9.00–18.30	9.00–18.00	9.00–17.00
AMAZONIENHAUS			
9.00–19.00	9.00–18.30	9.00–18.00	9.00–17.00
DAMASZENERHALLE			
13.30–15.30	13.30–15.30	13.30–15.30	geschlossen

Anfahrt Öffentliche Verkehrsmittel: Ab Stuttgart Hauptbahnhof in ca. 10 Min. mit Stadtbahn U13 und U14, Bus Linien 52, 55, 56, S-Bahn: Bahnhof Bad-Cannstatt oder Nordbahnhof, jeweils 10 Minuten Fußweg, zu Fuß von der Innenstadt in 30 Minuten durch den Schlossgarten.

Zufahrt mit dem Auto über die B10 und B14 (weiträumig beschildert). Parkplätze stehen begrenzt im Wilhelma-Parkhaus und am Cannstatter Wasen zur Verfügung. Weitere Parkhäuser im Umkreis.

Fütterungszeiten Seelöwen 11.00 Uhr und 15.00 Uhr (außer Donnerstag), Brillenpinguine 14.30 Uhr, Großkatzen 11.30 Uhr (außer Montag und Freitag), Menschenaffenbabys im Jungtieraufzuchthaus 11.30 Uhr, Krokodile montags, 14.00 Uhr, Piranhas und Zitteraale mittwochs, samstags und sonntags 12.00 Uhr. Die Fütterungszeiten für die Eisbären wechseln und sind am Haupteingang sowie am Gehege angegeben.

Pony- und Eselreiten Dieses findet ab Ostern bis Anfang Oktober an Sonn- und Feiertagen von 11.00 Uhr bis 16.00 Uhr und täglich in den Sommerferien (mit Ausnahme des Samstags) jeweils bei gutem Wetter gegen eine Gebühr (Euro 0,50 pro Runde) statt. Es werden Shetland-Ponys und Poitou-Esel eingesetzt.

Gastronomie Restaurants zwischen dem Amazonashaus und der Großvoliere am Eingangsbereich sowie am Schaubauernhof; Café »Belvedere« oberhalb der Subtropenterrassen; Kioske.

Service für Behinderte und Kleinkinder Behinderten-WC; Rollstühle für Gehbehinderte stehen am Haupteingang kostenlos zur Verfügung.

Führungen und Angebote Der Preis pro Führung für maximal 20 Personen beträgt z.Zt. 55,– €. Anmeldung über die Wilhelma (Tel.: 0711/5402-0, Fax: -222, E-Mail: info@wilhelma.de).

Hunde Hunde sind in der Wilhelma nicht erlaubt. Am Eingang stehen Boxen bereit.

Personal & Kontakt Prof. Dr. Dieter Jauch, *Direktor*
Dr. Marianne Holtkötter, *Stellvertr. Direktorin und Kuratorin Säugetiere*
Dr. Günther Schleussner, *Kurator Vögel und Säugetiere*
Dr. Lutz Plasa, *Kurator Säugetiere*
Isabel Koch, *Kuratorin Reptilien, Fische und Invertebraten*
Dr. Hilde Nittinger, *Leiterin der Zooschule*
Dr. Wolfram Rietschel, *Veterinär*
Dr. Franziska Lô-Kockel, *Botanik*
Telefon: 0711/5402-0 – Fax: 0711/5402-222
E-Mail: info@wilhelma.de – Webseite: www.wilhelma.de

Verein der Freunde und Förderer der Wilhelma e.V. Der 1956 gegründete Förderverein »Verein der Freunde und Förderer der Wilhelma e.V.« hat es sich zur Aufgabe gesetzt, die Wilhelma finanziell zu unterstützen. So hat er den Bau des Jungtieraufzuchthauses, der Anlage für Bären und Klettertiere oder des Amazonienhauses durch seinen Beitrag erst ermöglicht. Die Mittel für die Unterstützung werden durch Mitgliedsbeiträge und Spenden der rund 17000 Mitglieder aufgebracht.

Für Mitglieder des Fördervereins bestehen Vergünstigungen, zum Beispiel freier Eintritt in die Wilhelma, der jährliche Wilhelma-Kalender, Diavorträge im Wilhelma-Theater, Einblicke hinter die Kulissen der Wilhelma bei speziellen Führungen oder ein exklusiver musikalischer Sommerabend im Maurischen Garten. Die Mitgliedschaft im »Verein der Freunde und Förderer« kostet z.Zt. jährlich lediglich 55,– €, für Partner, Schüler, Auszubildende, Studenten und Rentner 35,– €, für Kinder bis 17 Jahre 20,– € und für die ganze Familie 110,– €. Nähere Informationen zum Verein und Beitrittsformulare erhalten Sie an den Kassen der Wilhelma sowie bei der Geschäftsstelle des »Vereins der Freunde und Förderer der Wilhelma«, Postfach 50 12 27, 70432 Stuttgart, Fax: 0711/5402-217.

WILHELMA IN ZAHLEN

Größe

28 ha

Besucher

Rund zwei Millionen pro Jahr

Tierbestand

8000 Tiere in 1070 Arten
(die meisten Wirbeltiere werden einzeln gezählt, Schwarmfische geschätzt; Wirbellose wie zum Beispiel Ameisen zählen als »10«).

Futtermengen

Die Tiere der Wilhelma brauchen im Jahr:

Heu	300 t
Fertigkraftfutter (Pellets)	80 t
Stroh	80 t
Futterrüben	70 t
Gemüse	60 t
Äpfel	60 t
Rind- und Pferdefleisch	45 t
Bananen	30 t
Seefische	7 t
Kochsalz (für Meerwasser)	5 t
Hafer	15 t
Brot	10 t
Weizen	8 t
Schlachthennen	6 t
Süßwasserfische	5 t
Birnen	5 t
Gerste	5 t
Kleie	4 t
Kartoffeln	2 t
Sonnenblumenkerne	2 t
Blätter	2 t

Babynahrung	1 t
Eintagsküken	300 000 Stück
Eier	30 000 Stück
Dazu selbst gezüchtete Futtertiere wie	
Mehlwürmer	150 kg
Heuschrecken	40 000 Stück
Mäuse	7 000 Stück
Ratten	2 500 Stück

(QUELLE: WILHELMA-ZOOSCHULE)

NATURSCHUTZGEBIETE

Alle 228 Naturschutzgebiete des Regierungsbezirks Stuttgart zwischen dem Main im Norden und der Schwäbischen Alb im Süden, zwischen Heckengäu und der bayerischen Grenze werden hier vorgestellt. Leicht verständlich werden Landschaft, Geologie und Pflanzenwelt dokumentiert. Luftbilder und farbenprächtige Aufnahmen zeigen die Naturschönheiten, die Lebensräume und Tiere.

Darüber hinaus sind für nahezu jedes Gebiet Vorschläge enthalten, die zu eigenen Erkundungen und Entdeckungen vor Ort einladen. Naturschutzgebiete in folgenden Städten und Landkreisen werden präsentiert: Stadt Heilbronn, Landkreis Heilbronn, Hohenlohekreis, Landkreis Schwäbisch Hall, Main-Tauber-Kreis, Landeshauptstadt Stuttgart, Landkreise Böblingen, Esslingen, Göppingen und Ludwigsburg, Rems-Murr-Kreis, Ostalbkreis und Landkreis Heidenheim

REINHARD WOLF (HG.)
NATURSCHUTZGEBIETE IM REGIERUNGSBEZIRK STUTTGART
720 SEITEN / 550 FARBIGE ABBILDUNGEN / LEINEN MIT SU / 17 X 24 CM
ISBN 3-7995-5173-5

THORBECKE